福建烟草气象

马治国　著

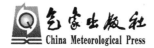

气象出版社
China Meteorological Press

内 容 简 介

本书以福建省烟草种植区的历史气候数据和早春烟及春烟的生长发育资料为基础,分析了烤烟不同生育期的气候资源分布特征和低温冷害、高温热害、暴雨灾害的时空变化特征;研究了晚稻不同型秋寒灾害和烤烟移栽期的低温冷害等指标特征,确定烤烟的最佳移栽期,建立了合理可行的"烟—稻"耕作制度,有利于烤烟的防灾减灾工作。本书旨在为烟草优质高产提供气象服务,它是面向烟草生产和农业气象服务方面的专业读物,可为广大农业技术推广人员、农业院校师生和广大农业生产者提供资料参考。

图书在版编目(C I P)数据

福建烟草气象 / 马治国著. -- 北京 : 气象出版社,
2021.10
   ISBN 978-7-5029-7569-2

   I. ①福… II. ①马… III. ①农业气象-关系-烟草
-栽培-福建 IV. ①S572

   中国版本图书馆CIP数据核字(2021)第201911号

福建烟草气象
Fujian Yancao Qixiang

出版发行:气象出版社
地　　址:北京市海淀区中关村南大街 46 号　　　　**邮政编码**:100081
电　　话:010-68407112(总编室)　010-68408042(发行部)
网　　址:http://www.qxcbs.com　　**E-mail**:qxcbs@cma.gov.cn
责任编辑:张　媛　　　　　　　　　　　　　　**终　审**:吴晓鹏
责任校对:张硕杰　　　　　　　　　　　　　**责任技编**:赵相宁
封面设计:地大彩印设计中心
印　　刷:北京中石油彩色印刷有限责任公司
开　　本:710 mm×1000 mm　1/16　　　　　　**印　张**:9.25
字　　数:186 千字
版　　次:2021 年 10 月第 1 版　　　　　　　　**印　次**:2021 年 10 月第 1 次印刷
定　　价:60.00 元

前　言

　　研究表明,烤烟大田生产处于不同的自然环境中,不同环境气候条件对烤烟产量具有明显影响。生态决定特色。我国烤烟生产根据地域的不同,所产烟叶风格不同。气候条件对烤烟生产的影响很大程度上影响烤后烟叶常规化学成分含量。不同气候条件对烤烟生产影响明显。栽培措施中,移栽期是关键因素,因为各地不同的移栽期对应的光照、温度条件是不同的,同样影响烤烟的产量和品质。已有较多的研究对不同烟区不同移栽期的气候适应性做了研究,即各地不同的移栽期条件下,对应的气候条件不同对烟株生长发育和烤后烟叶质量均有明显影响。就福建烟叶而言,当移栽期推迟,烟株大田生长期间对应的温度更高、光照强度更强,这不仅影响到烟株的产量,而且影响到烤后烟叶的风格,即移栽期推迟,烤后烟叶风格由清香型向浓香型转变。

　　福建地处我国东南沿海,陆域在 $23°33'\sim28°20'$N、$115°50'\sim120°40'$E;福建是亚热带季风盛行区。福建省烟草种植主要分布在南平、三明和龙岩等西部内陆地区,是当地主要的经济来源之一。常年种植面积在 6.7 万 hm^2 左右,占全国产量的 6% 左右。福建气候温和,日照充足,雨量充沛,适合烤烟生长,以清香型特色著称,已成为全国卷烟重要基地之一。根据福建烟区气温普查分析可知,气温稳定通过 10 ℃的时间基本在 2 月下旬,而连续出现日平均气温大于 30 ℃的时间基本在 6 月下旬,即理论上福建烤烟大田生育期基本能达到 120 d 以上。福建种植的烤烟以春烟为主,大田生长发育期在 1—7 月,包括移栽期、伸根期、旺长期和成熟期。烤烟大田生长期间,气温从低到高,光照从弱到强,并且常常受春旱或夏旱的影响。因此,福建烟区前有低温影响造成早花;烟株生长后期,特别是 6 月下旬以后,福建烟区最高气温普遍达到 32 ℃以上,光照时间明显增加,光照强度急剧增强,很大程度上影响到烟叶的成熟,造成高温逼熟,均对烤烟生产造成不利的影响。

　　综上所述,福建清香型风格烟叶生产既有前期的低温、阴雨不利因素影响烟株移栽后的早生快发,也有后期的高温、高湿不利因素影响烟叶正常的成熟。因此,通过研究气象条件对烤烟生产的影响,在生产上采用合理的栽培措施促进烟株的早期生长,保证烟叶的正常成熟,对延长烟株有效生育期、提高烟叶质量和彰显烟叶风格均有显著意义。

本书主要的研究内容为：

(1)以 1961—2014 年福建省南平、三明和龙岩 3 个地区 28 个气象站的逐日平均气温、极端最高气温、极端最低气温、日照、降水量、有效积温等气象资料库,建立了各县(区、市)烤烟不同生育期的重要气象指标体系。

(2)研究了气象条件制约下烟区"烟—稻"耕作制度。依据晚稻 20 型和 23 型秋寒灾害和烤烟移栽期的低温冷害等指标特征,分析了粳稻和杂优稻型的最佳移栽期,并以此来确定烤烟的最佳移栽期,从而建立了合理可行的"烟—稻"耕作制度。

(3)研究了福建省烤烟区低温冷害、高温热害、暴雨灾害的时空变化特征。利用 1961—2014 年的气象资料分析了不同灾害的年代际特征及其气候突变特征,并利用 GIS 制图软件分析了各个灾害的空间分布特征,有利于指导开展福建省烤烟的减灾防灾工作。

本书出版得到了中国烟草总公司福建省公司科技计划项目(2021350000240014,闽烟合同〔2014〕184 号)、福建省气象局开放式基金(2020K06)和福建省气象局青年科技专项(q201206)的资助。

感谢福建省烟草科学研究所李文卿正研高级农艺师、福建省气象服务中心李文勇高级工程师对本书做出的贡献。

本书内容丰富、数据翔实,语言通俗易懂,可为各级从事农业气象、烟草生产管理等方面的人员、农技人员、研究人员以及大学相关院校的师生提供参考。

在撰写本书过程中,作者经过充分调研、反复征求有关人员意见、多次修改,但由于作者水平有限和烟草生产技术的不断进步,书中难免有不足之处,恳请各位读者批评指正,也希望有关使用人员反馈意见,以期不断改进完善,发挥该书的作用和效益。

作者

2021 年 2 月

目 录
Contents

福建烤烟生育期气候特征

生态环境与烤烟生产中烟叶风格和品质的形成关系密切(肖金香 等,2003)。国内不同产区生态条件的差异决定各自烟叶风格特色的差异。气象条件是生态环境中的关键因素,显著影响着烤烟生长发育和风格品质的形成(黄中艳 等,2008)。研究福建烤烟生产中气象因子的基本特征对指导烤烟生产具有重要意义。

气象数据为 1961—2014 年福建省南平、三明和龙岩 3 个地区 28 个气象站的逐日平均气温、极端最高气温、极端最低气温、日照、降水量等,数据经过了气象部门质量审核。使用的数学统计方法是多年平均值、极值的计算,候气候数据值是指 5 日内的平均值。本章主要根据福建烤烟生育特征,分别分析 1—3 月、4—5 月和 6—7 月 3 个阶段的气候特征;其中 1—3 月主要对应烤烟移栽期和伸根期、4—5 月主要对应烤烟旺长期和烟叶采收前期,6—7 月主要对应烤烟中上部叶成熟采收期。本章旨在为福建烤烟栽培提供参考依据。

1.1 平均气温

1.1.1 南平地区平均气温

1.1.1.1 1—3 月平均气温分析

(1)8 ℃界限

表 1.1 是 1961—2014 年 1—7 月南平地区各县(区、市)候平均气温分布。可以看出,1 月南平地区大部分县(区、市)候平均气温在 6.2~10.5 ℃,全月只有顺昌、建瓯和南平的中下旬气温超过了 8 ℃。即使有部分年份某候气温达到 8 ℃,甚至 10 ℃以上,但晴好天气不能持续,很容易遭受寒流的影响进入低温状态。

从 2 月第 3 候开始,平均气温都稳定达到了 8 ℃以上,有的甚至达到了 10 ℃以上。

表 1.1 1961—2014 年 1—7 月南平地区各县(区、市)候平均气温分布 单位:℃

月	候	光泽	邵武	武夷	浦城	建阳	松溪	建瓯	南平	顺昌	政和	平均值
1	1	6.2	6.9	7.3	6.4	7.2	7.3	7.6	8.7	7.6	7.9	7.3
1	2	6.4	7.2	7.4	6.3	7.4	7.2	7.8	8.9	7.8	7.8	7.4

续表

月	候	光泽	邵武	武夷	浦城	建阳	松溪	建瓯	南平	顺昌	政和	平均值
1	3	6.1	6.9	7.2	6.1	7.1	7.1	8.2	9.5	8.2	7.7	7.4
1	4	6.1	6.8	7.2	6.2	7.1	7.1	8.9	10.3	8.9	7.8	7.6
1	5	6.8	7.5	7.8	6.8	7.8	7.8	9.2	10.5	9.2	8.2	8.1
1	6	6.6	7.5	7.7	6.7	7.8	7.7	7.9	9.0	7.8	8.4	7.7
2	1	6.5	7.3	7.5	6.5	7.6	7.5	9.0	9.9	9.0	10.0	8.1
2	2	7.8	8.5	8.7	7.7	8.9	8.8	10.6	11.4	10.3	10.3	9.3
2	3	8.9	9.3	9.5	8.7	9.6	9.6	9.3	10.4	9.3	10.1	9.5
2	4	8.9	9.6	9.7	8.7	10.0	9.9	10.3	11.2	10.1	9.2	9.8
2	5	9.6	10.1	10.2	9.4	10.6	10.4	11.4	12.3	11.2	9.8	10.5
2	6	9.7	10.2	10.3	9.4	10.6	10.4	11.9	12.8	11.7	10.2	10.7
3	1	10.0	10.7	10.8	10.1	11.1	11.0	13.8	14.3	13.7	11.6	11.7
3	2	11.1	11.5	11.6	10.9	11.9	11.8	13.9	14.5	13.8	12.4	12.3
3	3	12.3	12.7	12.6	12.0	12.9	12.8	13.4	14.1	13.3	13.6	13.0
3	4	13.3	13.6	13.6	13.0	13.9	13.8	13.7	14.5	13.5	14.3	13.7
3	5	12.9	13.4	13.3	12.7	13.8	13.5	14.6	15.5	14.4	14.0	13.8
3	6	14.1	14.4	14.4	14.0	14.7	14.7	13.9	14.5	13.6	15.1	14.4
4	1	17.9	18.1	18.0	17.7	18.4	18.3	21.5	21.8	21.3	18.4	19.1
4	2	18.9	19.1	19.0	18.8	19.4	19.4	20.6	20.9	20.5	19.7	19.6
4	3	19.2	19.5	19.5	19.1	19.8	19.8	20.4	20.9	20.2	19.9	19.8
4	4	20.4	20.6	20.5	20.2	20.8	20.8	20.4	20.9	20.2	21.0	20.6
4	5	20.9	21.1	21.0	20.7	21.3	21.2	21.6	22.1	21.3	21.5	21.3
4	6	21.7	21.8	21.8	21.5	22.1	22.0	20.9	21.2	20.5	22.1	21.5
5	1	22.2	22.3	22.3	21.9	22.5	22.5	24.0	24.3	23.9	22.5	22.8
5	2	22.6	22.7	22.7	22.5	22.9	22.9	24.1	24.2	23.9	23.1	23.2
5	3	23.0	23.1	23.0	22.8	23.3	23.2	24.0	24.3	23.7	23.3	23.4
5	4	23.5	23.7	23.6	23.3	23.9	23.8	24.2	24.7	23.9	23.8	23.8
5	5	24.0	24.2	24.0	23.8	24.3	24.3	24.6	25.1	24.3	24.4	24.3
5	6	24.7	24.9	24.8	24.6	25.1	25.0	24.6	24.9	24.3	25.1	24.8
6	1	25.4	25.5	25.5	25.2	25.8	25.7	26.6	26.7	26.3	25.7	25.8
6	2	25.9	26.0	26.0	25.6	26.3	26.3	26.9	27.0	26.7	26.3	26.3
6	3	26.1	26.2	26.1	25.9	26.5	26.3	27.0	27.4	26.7	26.4	26.5
6	4	26.6	26.7	26.7	26.5	27.0	27.0	27.5	27.9	27.1	27.0	27.0

月	候	光泽	邵武	武夷	浦城	建阳	松溪	建瓯	南平	顺昌	政和	平均值
6	5	26.8	26.9	26.9	26.7	27.2	27.1	27.2	27.6	26.8	27.2	27.0
6	6	27.1	27.2	27.1	27.1	27.5	27.4	27.6	27.9	27.1	27.4	27.3
7	1	27.2	27.4	27.4	27.2	27.8	27.8	28.5	28.5	28.1	27.9	27.8
7	2	27.5	27.7	27.7	27.5	28.1	28.0	28.2	28.4	28.0	28.1	27.9
7	3	27.7	27.9	27.9	27.8	28.3	28.3	28.7	28.7	28.0	28.4	28.1
7	4	27.9	28.0	28.1	28.0	28.4	28.4	28.7	29.2	28.3	28.5	28.3
7	5	28.0	28.1	28.1	28.0	28.4	28.4	28.8	29.0	28.5	28.5	28.3
7	6	27.6	27.7	27.7	27.7	28.0	28.0	29.2	29.4	28.6	27.9	28.2

注：南平地区指南平 10 个县(市、区)，表中的南平指南平市辖区，下同。

(2)10 ℃界限

1 月和 2 月前 4 候,南平地区候平均气温均在 10 ℃以下,从 2 月第 5 候开始,气温上升,达到了 10 ℃以上,较好地符合烟苗的生长条件。各县(区、市)达到 10 ℃,时间有早有晚,热量较好的县(区、市)有南平、建瓯、政和和顺昌,出现在 2 月第 2 候,其他县(区、市)出现在 2 月第 4 候或之后。

表 1.2 是 2 月下旬南平地区各县(区、市)平均气温 10 ℃以上的保证率和风险率分布。在 54 年的统计中,2 月下旬平均气温 10 ℃以上的保证率和风险率,风险较大的县(区、市)是光泽、邵武和浦城,风险率都达到了 50%以上。而建瓯、松溪、顺昌、政和和南平风险较低,为 35%以下。

表 1.2　2 月下旬南平地区各县(区、市)平均气温 10 ℃以上的保证率和风险率分布

县(区、市)	光泽	邵武	武夷	浦城	建阳	松溪	建瓯	南平	顺昌	政和	平均值
年数(年)	20	25	28	18	29	37	41	37	36	36	30.70
保证率(%)	37.04	46.30	51.85	33.33	53.70	68.52	75.93	68.52	66.67	66.67	56.85
风险率(%)	62.96	53.70	48.15	66.67	46.30	31.48	24.07	31.48	33.33	33.33	43.15

1.1.1.2　4—5 月平均气温分析

从 1961—2014 年的气温数据来看,4 月南平地区全部县(区、市)候平均气温在 17.7～22.1 ℃,从 4 月第 4 候开始,平均气温超过了 20 ℃。5 月南平地区全部县(区、市)候平均气温在 21.9～25.1 ℃,少部分县(区、市)超过了 24 ℃。

1.1.1.3　6—7 月平均气温分析

从 1961—2014 年的气温数据来看,6 月南平地区全部县(区、市)候平均气温在 25.2～27.9 ℃,期间候平均气温超过了 25 ℃,最高达到了 28 ℃。7 月南平地区全部县(区、市)候平均气温在 27.2～29.4 ℃,大部分县(区、市)超过了 28 ℃。

1.1.2　三明地区平均气温

1.1.2.1　1—3月平均气温分析

(1)8 ℃界限

表1.3是1961—2014年1—7月三明地区各县(区、市)候平均气温分布。从1961—2014年的气温数据来看,1月第1候三明地区平均气温就达到8 ℃之上,只有西部的宁化、泰宁、建宁和清流气温较低,不足8 ℃,到2月第1候或第3候才达到8 ℃,晚了近1个月时间。

表1.3　1961—2014年1—7月三明地区各县(区、市)候平均气温分布　　单位:℃

月	候	宁化	泰宁	将乐	建宁	明溪	沙县	三明	尤溪	永安	大田	清流	平均值
1	1	6.9	6.1	8.5	5.4	7.8	9.0	9.4	9.1	9.2	9.5	7.2	8.0
1	2	7.1	6.4	8.7	5.7	8.1	9.3	9.7	9.3	9.5	9.9	7.5	8.3
1	3	6.8	6.1	8.4	5.3	7.7	9.0	9.4	9.0	9.2	9.7	7.3	8.0
1	4	6.8	6.1	8.4	5.4	7.7	9.1	9.3	9.2	9.2	9.7	7.3	8.0
1	5	7.3	6.6	9.0	5.9	8.3	9.7	9.8	9.9	9.9	10.3	7.7	8.6
1	6	7.3	6.6	9.0	5.9	8.3	9.7	9.9	9.8	9.9	10.3	7.7	8.6
2	1	7.3	6.5	8.8	5.9	8.2	9.4	9.7	9.5	9.7	10.0	7.7	8.4
2	2	8.5	7.8	10.1	7.1	9.4	10.7	10.9	10.7	11.0	11.1	8.9	9.7
2	3	9.4	8.7	10.8	8.2	10.1	11.5	11.7	11.5	11.7	11.9	9.8	10.5
2	4	9.6	8.9	11.2	8.2	10.6	12.0	12.1	12.0	12.3	12.4	10.1	10.9
2	5	10.3	9.6	11.7	9.0	11.1	12.5	12.6	12.4	12.7	12.7	10.7	11.4
2	6	10.2	9.6	11.6	9.0	10.9	12.3	12.5	12.0	12.4	12.2	10.5	11.2
3	1	10.8	10.0	12.2	9.5	11.6	12.9	13.1	12.8	13.2	13.2	11.1	11.9
3	2	11.6	10.9	12.8	10.4	12.3	13.5	13.5	13.5	13.7	13.7	12.0	12.5
3	3	12.9	12.1	14.0	11.9	13.4	14.6	14.8	14.4	14.9	14.9	13.3	13.8
3	4	14.0	13.1	15.0	12.9	14.2	15.7	15.7	15.4	16.0	15.7	14.3	14.7
3	5	13.5	12.8	14.8	12.4	14.2	15.5	15.5	15.3	15.8	15.5	13.9	14.5
3	6	14.7	13.7	15.6	13.7	15.1	16.3	16.3	16.0	16.5	16.1	15.0	15.4
4	1	15.6	14.9	16.5	14.8	15.8	17.0	16.9	16.7	17.2	16.8	15.8	16.2
4	2	17.2	16.4	18.0	16.3	17.4	18.6	18.6	18.3	18.8	18.4	17.5	17.8
4	3	17.4	16.7	18.4	16.5	17.7	19.0	19.0	18.7	19.2	18.8	17.7	18.1
4	4	19.1	18.4	19.9	18.5	19.3	20.5	20.4	20.1	20.7	20.1	19.4	19.7
4	5	19.7	19.1	20.6	19.0	20.0	21.2	21.1	20.7	21.4	20.7	19.9	20.3
4	6	20.4	19.8	21.3	19.8	20.6	21.8	21.7	21.3	21.9	21.3	20.6	20.9

续表

月	候	宁化	泰宁	将乐	建宁	明溪	沙县	三明	尤溪	永安	大田	清流	平均值
5	1	20.9	20.3	21.8	20.4	21.1	22.4	22.3	22.0	22.5	21.7	21.2	21.5
5	2	21.4	20.8	22.3	20.9	21.5	22.7	22.6	22.3	22.8	22.1	21.6	21.9
5	3	22.0	21.5	22.9	21.5	22.1	23.3	23.2	22.9	23.4	22.7	22.2	22.5
5	4	22.1	21.7	23.0	21.7	22.2	23.2	23.2	22.9	23.4	22.6	22.3	22.6
5	5	22.6	22.2	23.4	22.2	22.6	23.8	23.7	23.2	23.8	23.0	22.8	23.0
5	6	23.1	22.7	23.9	22.7	23.1	24.3	24.1	23.7	24.3	23.5	23.3	23.5
6	1	23.6	23.2	24.4	23.2	23.6	24.9	24.8	24.3	24.9	24.1	23.8	24.1
6	2	24.0	23.7	24.8	23.8	24.0	25.2	25.1	24.8	25.2	24.4	24.2	24.5
6	3	24.2	23.9	24.9	23.9	24.1	25.3	25.3	25.0	25.3	24.5	24.3	24.6
6	4	25.1	24.8	25.9	24.8	25.1	26.2	26.2	26.0	26.3	25.4	25.1	25.6
6	5	25.6	25.3	26.4	25.4	25.6	26.9	26.7	26.6	26.8	26.2	25.8	26.1
6	6	26.4	26.2	27.2	26.3	26.2	27.7	27.3	27.3	27.6	26.6	26.5	26.9
7	1	27.0	26.8	27.9	26.9	26.9	28.5	28.3	27.9	28.3	27.2	27.0	27.5
7	2	27.1	27.1	28.1	27.1	27.2	28.8	28.6	28.0	28.5	27.2	27.7	27.7
7	3	27.2	27.2	28.3	27.4	27.2	28.7	28.5	28.1	28.5	27.3	27.4	27.8
7	4	27.2	27.2	28.4	27.4	27.2	28.8	28.6	28.1	28.6	27.2	27.4	27.8
7	5	27.3	27.3	28.5	27.5	27.4	28.9	28.7	28.1	28.6	27.1	27.5	27.9
7	6	26.7	26.8	28.0	27.0	27.0	28.4	28.2	27.7	27.9	26.6	27.0	27.4

注:三明地区指三明 11 个县(市、区),表中的三明指三明市辖区,下同。

　　(2)10 ℃界限

　　2 月第 3 候三明地区候平均气温稳定达到 10 ℃之上,大田则更早一些,在 1 月第 5 候平均气温就达到了 10 ℃,宁化、泰宁、建宁则没有达到 10 ℃,推迟了 1～4 候不等。

　　表 1.4 是 2 月中旬三明地区各县(区、市)平均气温 10 ℃以上的保证率和风险率分布。在 54 年的统计中,2 月中旬平均气温 10 ℃以上的保证率和风险率,风险较大的县(区、市)是宁化、泰宁、建宁,风险率都达到了 50% 以上。除将乐、明溪、沙县外,其他县(区、市)风险较低,为 30% 以下。

　　表 1.4　2 月中旬三明地区各县(区、市)平均气温 10 ℃以上的保证率和风险率分布

县(区、市)	宁化	泰宁	将乐	建宁	明溪	沙县	三明	尤溪	永安	大田	清流	平均值
年数(年)	25	19	32	15	29	29	40	38	39	39	41	31.45
保证率(%)	46.30	35.19	59.26	27.78	53.70	53.70	74.07	70.37	72.22	72.22	75.93	58.25
风险率(%)	53.70	64.81	40.74	72.22	46.30	46.30	25.93	29.63	27.78	27.78	24.07	41.75

1.1.2.2 4—5月平均气温分析

从 1961—2014 年的气温数据来看,4 月三明地区全部县(区、市)候平均气温在 14.8～21.9 ℃,4 月第 4 候部分县(区、市)平均气温超过了 20 ℃。5 月三明地区全部县(区、市)候平均气温为 20 ℃,少部分县(区、市)超过了 25 ℃。

1.1.2.3 6—7月平均气温分析

从 1961—2014 年的气温数据来看,6 月三明地区全部县(区、市)候平均气温在 23.2～27.6 ℃,期间候平均气温超过了 22 ℃,最高接近 28 ℃。7 月三明地区全部县(区、市)候平均气温在 26.8～28.9 ℃,大部分县(区、市)超过了 28 ℃。

1.1.3 龙岩地区平均气温

1.1.3.1 1—3月平均气温分析

表 1.5 是 1961—2014 年 1—7 月龙岩地区各县(区、市)候平均气温分布。龙岩地区 7 个县(市)中,上杭、漳平、龙岩和永定热量条件良好,均在 1 月第 1 候达到了 10 ℃的气温界限。连城、长汀处于北部,地理纬度高,受冷空气影响大,热量条件较差,平均气温较低,在 1 月第 3 候、2 月第 1 候才达到 10 ℃以上。

表 1.5　1961—2014 年 1—7 月龙岩地区各县(区、市)候平均气温分布　　单位:℃

月	候	长汀	连城	上杭	龙岩	武平	漳平	永定	平均值
1	1	8.0	9.1	10.3	11.4	9.9	11.5	11.0	10.2
1	2	8.6	9.7	10.9	12.1	10.4	12.2	11.5	10.8
1	3	8.9	10.0	11.3	12.3	10.8	12.5	12.0	11.1
1	4	9.3	10.5	11.8	12.8	11.2	13.0	12.5	11.6
1	5	9.0	10.1	11.4	12.6	10.9	12.9	12.2	11.3
1	6	8.9	9.9	11.1	12.2	10.6	12.4	11.9	11.0
2	1	10.1	11.1	12.3	13.2	11.9	13.5	12.9	12.1
2	2	11.2	12.2	13.4	14.1	12.8	14.3	13.9	13.1
2	3	11.9	12.9	14.0	14.8	13.5	15.0	14.6	13.8
2	4	12.5	13.4	14.6	15.1	13.9	15.4	15.0	14.3
2	5	13.0	13.8	15.0	15.4	14.4	15.9	15.6	14.7
2	6	13.6	14.4	15.5	15.8	14.9	16.2	15.9	15.2
3	1	13.9	14.6	15.7	16.0	15.2	16.4	16.1	15.4
3	2	15.1	15.8	16.9	17.0	16.3	17.3	17.1	16.5
3	3	16.0	16.7	17.8	17.8	17.2	18.2	18.0	17.4
3	4	17.3	17.9	18.9	18.9	18.4	19.4	19.1	18.5

月	候	长汀	连城	上杭	龙岩	武平	漳平	永定	平均值
3	5	17.6	18.2	19.3	19.3	18.7	19.7	19.5	18.9
3	6	18.2	18.8	19.8	19.7	19.2	20.2	20.0	19.4
4	1	19.1	19.4	20.6	20.2	20.0	20.7	20.6	20.1
4	2	20.1	20.4	21.4	21.0	20.8	21.5	21.3	20.9
4	3	20.5	20.8	21.9	21.6	21.4	22.1	21.9	21.5
4	4	21.4	21.8	22.7	22.2	22.2	22.8	22.6	22.2
4	5	21.8	22.1	23.1	22.6	22.6	23.2	23.0	22.6
4	6	22.5	22.7	23.6	23.0	23.1	23.7	23.5	23.1
5	1	22.8	23.0	23.8	23.3	23.3	23.9	23.8	23.4
5	2	23.2	23.4	24.2	23.7	23.7	24.2	24.1	23.8
5	3	23.7	23.9	24.9	24.4	24.3	25.0	24.9	24.4
5	4	24.0	24.2	25.1	24.6	24.5	25.1	25.0	24.7
5	5	24.5	24.7	25.7	25.1	25.0	25.7	25.6	25.2
5	6	24.9	25.1	25.9	25.3	25.4	26.0	25.8	25.5
6	1	25.6	25.8	26.6	26.0	25.9	26.7	26.3	26.1
6	2	25.9	26.1	26.8	26.2	26.2	27.0	26.5	26.4
6	3	26.0	26.1	26.9	26.3	26.3	27.0	26.6	26.5
6	4	26.5	26.7	27.4	26.8	26.8	27.4	27.0	26.9
6	5	26.8	27.0	27.7	27.0	27.0	27.7	27.4	27.2
6	6	26.7	26.9	27.5	26.8	26.9	27.6	27.2	27.1
7	1	27.1	27.4	27.9	27.4	27.3	28.2	27.7	27.5
7	2	27.2	27.5	28.1	27.5	27.4	28.2	27.7	27.7
7	3	27.3	27.6	28.2	27.5	27.4	28.2	27.6	27.7
7	4	27.4	27.6	28.2	27.5	27.5	28.2	27.6	27.7
7	5	27.5	27.7	28.3	27.5	27.7	28.3	27.8	27.8
7	6	27.0	27.1	27.7	26.9	27.1	27.7	27.2	27.2

注:龙岩地区指龙岩7个县(市、区),表中的龙岩指龙岩市辖区,下同。

　　表 1.6 是龙岩地区平均气温 10 ℃以上的保证率和风险率分布。从表 1.6 可见,不同县(区、市)平均气温 10 ℃以上的保证率和风险率存在差异,龙岩地区平均风险率为 39.42%,风险率在 27.78%～50.00%,其中上杭风险最高,漳平风险最低。

表 1.6　龙岩地区平均气温 10 ℃以上的保证率和风险率分布

县(区、市)	长汀	连城	武平	上杭	漳平	龙岩	永定	平均值
年数(年)	30	35	28	27	39	38	32	32.71
保证率(%)	55.56	64.81	51.85	50.00	72.22	70.37	59.26	60.58
风险率(%)	44.44	35.19	48.15	50.00	27.78	29.63	40.74	39.42

从表 1.7 来看,平均气温通过 10 ℃后,各个年份的变化十分显著,其最大值均在 15 ℃或以上,最高达到了 19 ℃;而最小值甚至不足 5 ℃,均在 8 ℃以下,年较差平均值为 10.9 ℃。

表 1.7　龙岩地区通过平均气温 10 ℃的年较差分布　　　　　　　　单位:℃

县(区、市)	长汀	连城	武平	上杭	漳平	龙岩	永定	平均值
最大值	17.5	19.0	16.1	15.0	16.2	16.1	15.4	16.5
最小值	4.1	5.1	4.5	4.8	7.4	6.6	6.7	5.6
年较差	13.4	13.9	11.6	10.3	8.8	9.5	8.7	10.9

1.1.3.2　4—5 月平均气温分析

从 1961—2014 年的气温数据来看,4 月龙岩地区全部县(区、市)候平均气温在 19.1～23.7 ℃,从 4 月第 2 候开始,所有县(区、市)平均气温超过了 20 ℃。5 月龙岩地区全部县(区、市)候平均气温在 22.8～26.0 ℃,少部分县(区、市)超过了 25 ℃。

1.1.3.3　6—7 月平均气温分析

从 1961—2014 年的气温数据来看,6 月龙岩地区全部县(区、市)候平均气温在 25.6～27.7 ℃,期间候平均气温超过了 25 ℃,最高达到了 27.2 ℃。7 月龙岩地区全部县(区、市)候平均气温在 27.1～28.3 ℃,部分县(区、市)超过了 28 ℃。

1.2　极端最高气温

1.2.1　南平地区候极端最高气温

1.2.1.1　1—3 月极端最高气温分析

表 1.8 是 1961—2014 年 1—7 月南平地区各县(区、市)候极端最高气温分布。从 1961—2014 年的高温数据来看,1 月南平地区各县(区、市)候极端最高气温在 11.6～15.4 ℃,1 月全地区候极端最高气温平均值为 13.2 ℃。2 月南平地区各县(区、市)候极端最高气温在 11.7～17.6 ℃,2 月全地区候极端最高气温平均值为 14.9 ℃。3 月第 1 候南平地区各县(区、市)候极端最高气温在 15.7～19.9 ℃,3 月第 1 候全地区候极端最高气温平均值为 17.5 ℃。

南平地区 1 月候极端最高气温都在 10 ℃以上,大部分都在 12 ℃以上,到 2 月第

5 候后,大部分县(区、市)能达到 15 ℃以上。

1.2.1.2　4—5 月极端最高气温分析

从表 1.8 来看,4 月南平地区全部县(区、市)候极端最高气温在 20.4～26.7 ℃,从 5 月第 1 候开始,候极端最高气温超过了 25 ℃。5 月南平地区全部县(区、市)候极端最高气温在 25.8～28.9 ℃,少部分县(区、市)超过了 28 ℃。

表 1.8　1961—2014 年 1—7 月南平地区各县(区、市)候极端最高气温分布　　单位:℃

月	候	光泽	邵武	武夷	浦城	建阳	松溪	建瓯	南平	顺昌	政和	平均值
1	1	12.2	13.1	13.1	12.3	13.0	13.5	14.4	15.0	14.3	13.7	13.5
1	2	12.4	13.3	13.2	12.1	13.2	13.5	13.6	14.1	13.4	13.8	13.3
1	3	12.0	12.8	12.9	11.8	12.9	13.2	14.0	14.8	13.8	13.8	13.2
1	4	11.7	12.5	12.5	11.6	12.7	12.9	14.0	15.1	14.0	13.6	13.0
1	5	11.8	12.6	12.8	11.9	12.9	13.1	14.5	15.4	14.5	13.3	13.3
1	6	11.9	12.8	12.9	12.1	13.2	13.4	12.6	13.1	12.4	13.8	12.8
2	1	11.7	12.5	12.4	11.7	12.7	12.9	14.8	15.3	14.7	15.4	13.4
2	2	13.2	14.2	14.1	13.3	14.5	14.6	16.5	16.8	16.1	15.8	14.9
2	3	14.3	14.9	14.8	14.1	15.4	15.4	14.3	13.3	15.2	14.5
2	4	13.7	14.6	14.4	13.7	15.0	15.1	15.8	15.8	15.1	14.0	14.7
2	5	14.7	15.3	15.2	14.7	15.8	15.8	16.9	17.3	16.6	15.2	15.7
2	6	14.6	15.4	15.2	14.4	15.7	15.6	17.4	17.6	17.0	15.9	15.9
3	1	15.7	16.5	16.2	15.8	16.9	17.0	19.9	19.9	19.7	17.3	17.5
3	2	16.4	16.9	16.7	16.3	17.3	17.4	19.8	20.0	19.6	17.9	17.8
3	3	17.4	17.9	17.5	17.4	18.1	18.3	17.9	18.0	17.6	19.0	18.0
3	4	18.2	18.7	18.4	18.3	19.1	19.2	18.4	19.0	18.1	19.4	18.7
3	5	17.6	18.3	18.0	17.7	18.7	18.7	20.1	20.6	19.9	19.0	18.9
3	6	19.3	19.9	19.5	19.4	20.2	20.4	19.9	19.9	19.3	20.4	19.8
4	1	20.4	20.7	20.3	20.5	20.9	21.2	25.6	25.7	25.3	21.5	22.2
4	2	21.7	22.1	21.8	21.9	22.5	22.7	24.3	24.3	24.0	22.9	22.8
4	3	22.1	22.6	22.3	22.9	23.0	23.1	24.1	23.6	23.4	23.0
4	4	24.2	24.6	24.2	24.3	25.0	25.2	23.9	24.1	23.7	25.3	24.4
4	5	24.7	25.2	24.8	24.7	25.6	25.7	25.7	25.8	25.3	25.9	25.3
4	6	25.7	26.2	25.9	25.9	26.5	26.6	24.8	24.5	24.2	26.7	25.7
5	1	25.8	26.3	26.0	25.9	26.6	26.8	29.1	29.1	29.1	27.0	27.2
5	2	26.4	26.9	26.5	26.7	27.3	27.3	27.9	27.7	27.7	27.7	27.2
5	3	26.7	27.1	26.8	26.8	27.5	27.6	28.0	28.0	27.7	27.9	27.4

续表

月	候	光泽	邵武	武夷	浦城	建阳	松溪	建瓯	南平	顺昌	政和	平均值
5	4	27.2	27.6	27.3	27.1	27.9	27.9	27.5	27.6	27.2	28.1	27.5
5	5	27.8	28.1	27.8	27.8	28.3	28.4	28.7	28.8	28.4	28.9	28.3
5	6	28.1	28.5	28.2	27.9	28.7	28.6	28.7	28.2	28.2	28.9	28.4
6	1	28.8	29.2	28.8	28.6	29.3	29.2	30.2	30.0	30.0	29.4	29.3
6	2	29.2	29.5	29.2	29.2	29.8	29.9	31.2	31.1	31.0	30.0	30.0
6	3	29.1	29.5	28.9	28.7	29.4	29.3	31.0	31.1	30.7	29.4	29.7
6	4	29.7	30.1	29.7	29.4	30.0	30.4	31.6	31.6	31.0	30.5	30.4
6	5	30.2	30.7	30.1	29.9	30.9	31.0	31.3	31.5	31.0	31.1	30.8
6	6	31.5	32.2	31.5	31.4	32.4	32.5	31.2	31.0	30.8	32.8	31.7
7	1	32.6	33.2	32.7	32.5	33.4	33.5	35.1	34.8	34.8	33.8	33.6
7	2	33.2	33.7	33.2	33.1	33.8	34.0	34.9	34.6	34.4	34.1	33.9
7	3	33.4	33.9	33.5	33.5	34.3	34.6	34.7	34.7	34.4	34.8	34.2
7	4	33.7	34.2	34.0	34.0	34.6	34.6	35.0	35.1	34.7	34.6	34.5
7	5	34.2	34.5	34.4	34.4	34.9	35.0	34.6	34.6	34.1	35.2	34.6
7	6	33.6	34.1	33.9	33.9	34.3	34.4	35.5	35.0	34.8	34.4	34.4

1.2.1.3　6—7月极端最高气温分析

　　从高温数据来看,6月南平地区全部县(区、市)候极端最高气温在28.6～32.8 ℃,期间大部分候极端最高气温超过了30 ℃,少数县(区、市)甚至达到了32 ℃以上。7月南平地区全部县(区、市)候极端最高气温在32.6～35.5 ℃,全部县(区、市)超过了30 ℃,部分县(区、市)超过了35 ℃。

1.2.2　三明地区候极端最高气温

1.2.2.1　1—3月极端最高气温分析

　　表1.9是1961—2014年1—7月三明地区各县(区、市)候极端最高气温分布。从1961—2014年的高温数据来看,1月三明地区各县(区、市)候极端最高气温在11.5～16.5 ℃,1月全地区候极端最高气温平均值为14.3 ℃。2月第1～2候三明地区各县(区、市)候极端最高气温在11.4～17.2 ℃,全地区候极端最高气温平均值为15.9 ℃。

　　1月三明地区各县(区、市)候极端最高气温都在10 ℃以上,大部分在12 ℃以上,到2月第2候,全地区候极端最高气温为15.6 ℃,大部分县(区、市)能达到15 ℃以上。

表 1.9　1961—2014 年 1—7 月三明地区各县(区、市)候极端最高气温分布　　单位:℃

月	候	宁化	泰宁	将乐	建宁	明溪	沙县	三明	尤溪	永安	大田	清流	平均值
1	1	13.2	12.8	14.5	11.9	14.4	15.0	14.7	15.4	14.9	15.9	14.0	14.3
1	2	13.5	13.2	14.9	12.1	14.8	15.3	15.0	15.8	15.3	16.5	14.3	14.6
1	3	13.1	12.7	14.4	11.7	14.3	15.1	14.9	15.6	15.2	16.2	14.0	14.3
1	4	13.1	12.5	14.3	11.6	14.2	15.1	14.8	15.6	15.3	16.3	13.9	14.2
1	5	12.8	12.4	14.4	11.5	14.0	15.0	14.8	15.5	15.1	16.1	13.5	14.1
1	6	12.9	12.6	14.4	11.7	14.2	15.2	15.0	15.6	15.3	16.2	13.6	14.3
2	1	12.6	12.2	14.0	11.4	13.7	14.8	14.5	15.2	14.9	15.9	13.3	13.9
2	2	14.4	14.0	15.8	13.2	15.6	16.6	16.3	16.9	16.6	17.2	15.1	15.6
2	3	15.3	15.0	16.5	14.4	16.3	17.2	17.0	17.5	17.4	18.0	16.0	16.4
2	4	15.1	14.6	16.4	13.7	16.2	17.4	17.0	17.5	17.5	18.1	15.8	16.3
2	5	15.8	15.4	16.9	14.8	16.7	17.9	17.7	18.3	18.0	18.4	16.5	16.9
2	6	15.4	15.3	16.9	14.5	16.4	17.5	17.1	17.7	17.4	17.8	15.9	16.5
3	1	16.9	16.5	18.2	16.0	17.9	19.1	18.9	19.4	19.1	19.6	17.5	18.1
3	2	17.0	16.8	18.3	16.3	18.0	19.2	18.9	19.4	19.3	19.6	17.9	18.2
3	3	18.2	17.9	19.3	17.7	19.0	20.3	20.1	20.5	20.4	20.6	18.9	19.3
3	4	19.1	18.7	20.2	18.4	19.9	21.2	20.9	21.4	21.4	21.4	19.6	20.2
3	5	18.6	18.2	19.9	17.7	19.5	20.9	20.6	20.9	21.0	21.1	19.4	19.8
3	6	20.0	19.7	21.1	19.4	20.7	22.0	21.6	22.2	22.1	22.2	20.7	21.1
4	1	20.8	20.6	21.8	20.5	21.2	22.5	22.2	22.5	22.5	22.4	21.2	21.6
4	2	22.3	21.9	23.2	21.9	22.9	24.2	23.8	24.3	24.2	24.0	22.9	23.2
4	3	22.9	22.6	24.0	22.5	23.4	24.7	24.4	24.7	24.7	24.5	23.6	23.8
4	4	24.9	24.6	25.9	24.6	25.3	26.7	26.3	26.6	26.6	26.2	25.5	25.7
4	5	25.4	25.3	26.6	25.1	26.0	27.3	27.0	27.2	27.4	26.8	26.1	26.4
4	6	26.0	26.0	27.3	26.0	26.4	27.8	27.5	27.8	27.8	27.3	26.6	27.0
5	1	26.4	26.2	27.5	26.3	26.9	28.3	27.9	28.1	28.2	27.4	26.9	27.3
5	2	26.9	26.8	28.0	26.8	27.2	28.6	28.3	28.3	28.5	28.0	27.4	27.7
5	3	27.3	27.1	28.3	27.0	27.5	28.8	28.5	28.9	28.8	28.2	27.8	28.0
5	4	27.3	27.4	28.5	27.2	27.5	28.8	28.4	28.7	28.7	27.9	27.8	28.0
5	5	28.0	27.8	28.9	27.8	27.9	29.3	28.9	29.0	29.2	28.5	28.6	28.5
5	6	28.3	28.2	29.3	28.1	28.3	29.7	29.3	29.5	29.7	28.9	28.9	28.9
6	1	28.8	28.9	30.0	28.7	29.0	30.4	30.0	30.3	30.3	29.5	29.4	29.6

月	候	宁化	泰宁	将乐	建宁	明溪	沙县	三明	尤溪	永安	大田	清流	平均值
6	2	29.1	29.2	30.4	29.3	29.2	30.8	30.3	30.6	30.4	29.6	29.6	29.9
6	3	29.1	29.1	30.2	29.0	29.1	30.6	30.2	30.4	30.4	29.7	29.5	29.8
6	4	30.0	30.0	31.1	30.0	30.2	31.7	31.3	31.7	31.5	30.6	30.5	30.8
6	5	30.6	30.5	31.8	30.5	30.8	32.5	32.0	32.7	32.2	31.6	31.2	31.5
6	6	31.8	31.9	33.2	31.9	32.0	33.8	33.5	33.9	33.4	32.3	32.5	32.7
7	1	32.4	32.6	34.1	32.6	32.9	34.8	34.4	34.9	34.3	33.2	33.3	33.6
7	2	32.9	33.2	34.6	33.2	33.4	35.2	35.3	34.8	33.6	33.7	34.1
7	3	33.2	33.5	34.9	33.6	33.7	35.5	35.0	35.5	34.9	33.7	34.0	34.3
7	4	33.3	33.8	35.1	34.0	33.8	35.5	35.1	35.5	35.0	33.7	34.2	34.5
7	5	33.8	34.1	35.3	34.3	34.1	35.8	35.7	35.3	34.0	34.5	34.7
7	6	33.0	33.5	34.6	33.6	33.5	35.0	34.5	35.0	34.4	33.2	33.8	34.0

1.2.2.2 4—5月极端最高气温分析

从1961—2014年的高温数据来看,4月三明地区全部县(区、市)候极端最高气温在20.5~27.8 ℃,从4月第1候开始,候极端最高气温超过了20 ℃。5月三明地区全部县(区、市)候极端最高气温在26.2~29.7 ℃,大部分县(区、市)超过了28 ℃。

1.2.2.3 6—7月极端最高气温分析

从1961—2014年的高温数据来看,6月三明地区全部县(区、市)候极端最高气温在28.7~33.9 ℃,期间候极端最高气温大部分超过了30 ℃。7月三明地区全部县(区、市)候极端最高气温在32.4~35.8 ℃,大部分县(区、市)超过了32 ℃,部分县(区、市)超过了35 ℃。

1.2.3 龙岩地区候极端最高气温

1.2.3.1 1—3月极端最高气温分析

表1.10是1961—2014年1—7月龙岩地区各县(区、市)候极端最高气温分布。从1961—2014年的气温数据来看,1月龙岩地区各县(区、市)候极端最高气温在13.5~18.3 ℃,1月全地区候极端最高气温平均值为16.2 ℃。2月第1候龙岩地区各县(区、市)候极端最高气温在13.4~17.8 ℃,2月第1候全地区候极端最高气温平均值15.8 ℃。

在龙岩地区的各县(区、市)中,1月候极端最高气温热量条件比南平和三明好。从全地区平均值来看,1月稳定通过了10 ℃界限,大部分县(区、市)在15 ℃以上。

表 1.10　1961—2014 年 1—7 月龙岩地区各县(区、市)候极端最高气温分布　单位:℃

月	候	长汀	连城	上杭	龙岩	武平	漳平	永定	平均值
1	1	14.0	14.6	16.1	17.2	15.7	17.7	17.5	16.1
1	2	14.2	15.1	16.6	17.8	16.2	18.3	17.9	16.6
1	3	13.9	14.7	16.3	17.3	15.7	17.9	17.8	16.2
1	4	14.0	14.8	16.4	17.4	15.8	18.0	17.9	16.3
1	5	13.5	14.5	16.1	17.4	15.5	18.0	17.6	16.1
1	6	13.6	14.6	16.0	17.3	15.4	18.0	17.5	16.1
2	1	13.4	14.4	15.8	16.9	15.4	17.8	17.4	15.8
2	2	15.0	15.8	17.2	18.0	16.8	19.0	18.5	17.2
2	3	15.8	16.5	18.0	18.9	17.5	19.9	19.3	18.0
2	4	15.8	16.7	18.2	18.8	17.7	20.0	19.4	18.1
2	5	16.3	17.0	18.3	18.9	17.7	20.0	19.4	18.2
2	6	15.9	16.5	17.7	18.4	17.1	19.3	18.8	17.7
3	1	17.3	18.1	19.2	19.8	18.5	20.9	20.3	19.2
3	2	17.8	18.4	19.8	20.1	18.9	21.1	20.7	19.5
3	3	18.6	19.3	20.5	20.8	19.7	21.8	21.3	20.3
3	4	19.5	20.1	21.4	21.5	20.6	22.5	22.1	21.1
3	5	19.1	19.8	21.1	21.4	20.4	22.4	22.1	20.9
3	6	20.4	21.0	22.1	22.2	21.4	23.5	23.0	21.9
4	1	21.2	21.4	22.6	22.5	21.8	23.6	23.3	22.4
4	2	22.7	23.0	23.9	23.7	23.2	24.9	24.4	23.7
4	3	23.3	23.7	24.8	24.8	24.1	25.8	25.4	24.5
4	4	25.0	25.3	26.2	25.9	25.4	27.3	26.7	26.0
4	5	25.8	26.0	27.0	26.8	26.3	28.2	27.3	26.8
4	6	26.2	26.3	27.3	27.0	26.5	28.6	27.7	27.1
5	1	26.6	26.6	27.6	27.2	26.9	28.5	28.0	27.3
5	2	27.2	27.2	28.2	27.8	27.5	29.2	28.6	28.0
5	3	27.5	27.6	28.8	28.4	28.0	29.7	29.2	28.5
5	4	27.5	27.5	28.6	28.1	27.8	29.3	28.9	28.3
5	5	28.2	28.1	29.2	28.6	28.4	29.9	29.3	28.8
5	6	28.5	28.4	29.6	29.0	28.9	30.2	29.8	29.2

月	候	长汀	连城	上杭	龙岩	武平	漳平	永定	平均值
6	1	29.0	28.9	29.9	29.4	29.2	30.7	30.1	29.6
6	2	29.3	29.1	30.0	29.4	29.4	30.8	30.1	29.7
6	3	29.3	29.1	30.3	29.7	29.7	31.0	30.6	30.0
6	4	30.1	29.9	31.2	30.5	30.4	31.8	31.4	30.8
6	5	30.7	30.8	31.8	31.3	31.0	32.6	32.1	31.5
6	6	31.6	31.6	32.4	31.8	31.7	33.3	32.4	32.1
7	1	32.3	32.4	33.3	32.7	32.4	34.4	33.3	33.0
7	2	32.8	32.8	33.5	33.0	32.7	34.8	33.4	33.3
7	3	33.1	33.1	33.8	33.2	33.0	34.9	33.6	33.5
7	4	33.3	33.2	33.9	33.3	33.1	35.0	33.6	33.6
7	5	33.8	33.7	34.4	33.6	33.6	35.4	34.0	34.1
7	6	33.0	32.8	33.4	32.8	32.7	34.5	33.1	33.2

1.2.3.2　4—5 月极端最高气温分析

从 1961—2014 年的高温数据来看,4 月龙岩地区全部县(区、市)候极端最高气温在 21.2~28.6 ℃,从 4 月第 4 候开始,大部分县(区、市)候极端最高气温超过了 25 ℃。5 月龙岩地区全部县(区、市)候极端最高气温在 26.6~30.2 ℃,少部分县(区、市)超过了 30 ℃。

1.2.3.3　6—7 月极端最高气温分析

从 1961—2014 年的高温数据来看,6 月龙岩地区全部县(区、市)候极端最高气温在 28.9~33.3 ℃,期间候极端最高气温大部分超过了 30 ℃。7 月龙岩地区全部县(区、市)候极端最高气温在 32.3~35.4 ℃,部分县(区、市)超过了 35 ℃。

1.3　极端最低气温

1.3.1　南平地区候极端最低气温

1.3.1.1　1—3 月极端最低气温分析

表 1.11 为 1961—2014 年 1—7 月南平地区各县(区、市)候极端最低气温分布。从 1961—2014 年的极端最低气温数据来看,1 月南平地区各县(区、市)候极端最低气温在 2.1~7.4 ℃,1 月全地区候极端最低气温平均值为 5.5 ℃。2 月南平地区各县(区、市)候极端最低气温在 2.1~7.4 ℃,2 月全地区候极端最低气温平均值为 6.2 ℃。3 月南平地区各县(区、市)候极端最低气温在 5.9~12.1 ℃,3 月全地区候极端最低气温平均值为 10.2 ℃。

表 1.11　1961—2014 年 1—7 月南平地区各县(区、市)候极端最低气温分布　单位:℃

月	候	光泽	邵武	武夷	浦城	建阳	松溪	建瓯	南平	顺昌	政和	平均值
1	1	2.2	3.1	3.4	2.4	3.6	3.3	3.3	4.5	3.3	4.0	3.3
1	2	2.4	3.3	3.5	2.4	3.8	3.3	4.0	5.5	4.2	3.9	3.6
1	3	2.1	3.0	3.3	2.2	3.4	3.1	4.5	6.2	4.6	3.8	3.6
1	4	2.3	3.2	3.6	2.6	3.7	3.3	5.6	7.2	5.7	3.9	4.1
1	5	3.3	4.2	4.4	3.3	4.5	4.2	5.7	7.4	5.7	4.8	4.8
1	6	3.1	4.0	4.3	3.2	4.4	4.1	4.9	6.4	4.9	4.7	4.4
2	1	3.0	3.9	4.1	3.0	4.3	4.0	5.3	6.4	5.5	6.3	4.6
2	2	4.1	4.9	5.1	4.1	5.3	5.0	6.5	7.8	6.5	6.6	5.6
2	3	5.1	5.7	5.8	4.8	6.1	5.8	6.5	7.9	6.5	6.7	6.1
2	4	5.6	6.5	6.5	5.5	6.9	6.4	6.9	8.1	6.9	5.9	6.5
2	5	6.1	6.7	6.9	5.9	7.2	6.7	7.9	9.1	7.7	6.2	7.0
2	6	6.2	6.8	6.9	6.0	7.3	6.7	8.4	9.7	8.5	6.4	7.3
3	1	5.9	6.8	7.1	6.1	7.4	7.0	9.8	10.6	9.8	7.6	7.8
3	2	7.2	8.0	8.0	7.1	8.3	7.9	9.7	10.7	9.9	8.5	8.5
3	3	8.7	9.3	9.2	8.4	9.5	9.2	10.3	11.3	10.4	9.9	9.6
3	4	9.8	10.3	10.2	9.4	10.6	10.1	10.5	11.5	10.4	10.8	10.4
3	5	9.5	10.2	10.0	9.4	10.6	10.0	11.0	12.1	10.8	10.6	10.4
3	6	10.3	10.9	10.8	10.1	11.1	10.8	10.1	11.1	10.1	11.4	10.7
4	1	11.5	11.9	11.8	11.2	12.1	11.7	15.3	15.8	15.1	12.4	12.9
4	2	12.9	13.3	13.2	12.7	13.6	13.4	14.6	15.3	14.6	13.7	13.8
4	3	13.0	13.5	13.5	13.0	13.9	13.6	14.7	15.5	14.8	14.1	14.0
4	4	14.7	15.0	14.8	14.6	15.3	15.0	15.0	15.7	15.0	15.3	15.0
4	5	15.5	15.8	15.8	15.3	16.1	15.7	16.0	16.8	15.8	16.2	15.9
4	6	15.9	16.3	16.1	15.8	16.6	16.2	14.9	15.7	14.9	16.6	15.9
5	1	16.9	17.3	17.1	16.7	17.5	17.1	19.3	19.7	19.3	17.3	17.8
5	2	17.3	17.7	17.6	17.3	17.9	17.6	18.9	19.4	18.9	18.0	18.0
5	3	18.2	18.5	18.4	18.0	18.7	18.3	18.6	19.3	18.6	18.5	18.5
5	4	18.3	18.7	18.5	18.2	18.8	18.5	18.9	19.6	18.8	18.7	18.7
5	5	18.9	19.1	19.0	18.7	19.2	18.8	19.2	20.0	19.0	19.1	19.1
5	6	19.5	19.8	19.6	19.2	19.8	19.4	19.2	19.8	19.1	19.6	19.5
6	1	19.8	20.1	20.0	19.5	20.3	19.7	21.4	21.6	21.2	19.8	20.4
6	2	20.6	20.8	20.7	20.4	21.0	20.6	21.7	22.2	21.7	20.8	21.0

月	候	光泽	邵武	武夷	浦城	建阳	松溪	建瓯	南平	顺昌	政和	平均值
6	3	20.9	21.1	21.1	20.7	21.2	20.9	21.8	22.5	21.7	21.1	21.3
6	4	21.9	22.1	22.1	21.7	22.3	21.9	22.3	22.9	22.2	22.0	22.2
6	5	22.3	22.6	22.6	22.2	22.7	22.5	22.3	23.0	22.0	22.5	22.5
6	6	23.0	23.1	23.1	22.9	23.3	23.0	22.6	23.3	22.5	23.1	23.0
7	1	23.2	23.3	23.4	23.3	23.6	23.4	23.8	23.9	23.4	23.5	23.5
7	2	23.3	23.5	23.7	23.5	23.8	23.7	23.4	24.0	23.4	23.6	23.6
7	3	23.3	23.7	23.7	23.5	23.7	23.7	23.8	24.5	23.7	23.7	23.8
7	4	23.5	23.6	23.7	23.7	23.8	23.8	24.1	24.8	23.8	23.8	23.9
7	5	23.4	23.5	23.6	23.4	23.6	23.6	24.1	24.9	23.7	23.6	23.7
7	6	23.3	23.4	23.5	23.2	23.6	23.5	24.4	25.2	24.2	23.4	23.8

　　南平地区各县(区、市)温度通过 8 ℃的时间存在差异,最早出现在南平,为 2 月第 4 候,建瓯和顺昌出现在 2 月第 6 候。其他县(区、市)是到 3 月第 2 候才陆续通过 8 ℃。期间相差了 10～20 d。大部分县(区、市)从 3 月第 3～4 候开始才通过 10 ℃的界限温度,只有光泽气温较低,到 3 月第 5 候才通过。

1.3.1.2　4—5 月极端最低气温分析

　　从 1961—2014 年的极端最低气温数据来看,4 月南平地区全部县(区、市)候极端最低气温在 11.2～16.8 ℃,从 4 月第 4 候开始,候极端最低气温超过了 15 ℃。5 月南平地区全部县(区、市)候极端最低气温在 16.7～20.0 ℃,少部分县(区、市)超过了 20 ℃。

1.3.1.3　6—7 月极端最低气温分析

　　从 1961—2014 年的极端最低气温数据来看,6 月南平地区全部县(区、市)候极端最低气温在 19.5～23.3 ℃,期间大部分候极端最低气温超过了 20 ℃,部分达到了 23 ℃以上。7 月南平地区全部县(区、市)候极端最低气温在 23.2～25.2 ℃,全部县(区、市)超过了 23 ℃,部分县(区、市)超过了 25 ℃。

1.3.2　三明地区候极端最低气温

1.3.2.1　1—3 月极端最低气温分析

　　表 1.12 为 1961—2014 年 1—7 月三明地区各县(区、市)候极端最低气温分布。从极端最低气温数据来看,1 月三明地区各县(区、市)候极端最低气温在 1.5～6.6 ℃,1 月全地区候极端最低气温平均值为 4.5 ℃。2 月三明地区各县(区、市)候极端最低气温在 2.3～9.2 ℃,2 月全地区候极端最低气温平均值为 6.8 ℃。3 月三明地区各县(区、市)候极端最低气温在 5.3～12.7 ℃,3 月全地区候极端最低气温平均值为 10.1 ℃。

　　从县(区、市)分布来看,极端最低气温比较低的县(区、市)是宁化、泰宁、清流、建宁,1 月候极端最低气温基本在 3 ℃左右,其他县(区、市)则高于 5 ℃。2 月除建宁和泰宁极端最低气温低于 5℃外,其他县(区、市)都在 5 ℃以上,三明、永安和大田甚至达到了 8 ℃以上。从 3 月第 2 候开始,大部分县(区、市)极端最低气温都超过了 8 ℃,有部分县(区、市)超过了 10 ℃(三明、永安),气温稳定升高。

表 1.12　1961—2014 年 1—7 月三明地区各县(区、市)候极端最低气温分布　单位:℃

月	候	宁化	泰宁	将乐	建宁	明溪	沙县	三明	尤溪	永安	大田	清流	平均值
1	1	2.7	2.2	4.8	1.5	3.5	5.4	5.9	5.4	5.5	5.5	3.3	4.2
1	2	2.9	2.4	5.0	1.7	3.7	5.5	6.1	5.6	5.7	5.7	3.4	4.3
1	3	2.8	2.1	4.7	1.5	3.5	5.3	5.8	5.3	5.6	5.6	3.4	4.1
1	4	2.7	2.2	4.7	1.5	3.5	5.4	5.7	5.5	5.4	5.7	3.4	4.2
1	5	3.7	3.1	5.7	2.4	4.6	6.3	6.6	6.5	6.5	6.6	4.3	5.1
1	6	3.5	2.9	5.6	2.2	4.4	6.2	6.6	6.5	6.6	6.6	4.1	5.0
2	1	3.7	3.0	5.6	2.3	4.5	6.1	6.5	6.0	6.4	6.3	4.2	5.0
2	2	4.6	4.1	6.6	3.4	5.8	7.0	7.4	6.9	7.4	7.2	5.1	5.9
2	3	5.4	4.9	7.2	4.3	6.1	7.9	8.2	7.9	8.1	8.1	5.9	6.7
2	4	6.2	5.5	8.0	4.8	7.0	8.6	8.8	8.6	8.9	8.8	6.7	7.4
2	5	6.7	6.0	8.3	5.4	7.4	8.9	9.2	8.9	9.2	9.0	7.1	7.8
2	6	6.6	6.0	8.3	5.6	7.3	8.7	9.0	8.6	9.0	8.6	7.2	7.7
3	1	6.6	5.9	8.3	5.3	7.4	9.0	9.2	8.8	9.3	9.0	7.0	7.8
3	2	7.8	7.1	9.2	6.6	8.5	9.8	10.0	9.5	10.1	9.7	8.2	8.8
3	3	9.3	8.6	10.6	8.2	9.8	11.0	11.2	10.7	11.4	11.0	9.7	10.1
3	4	10.4	9.7	11.7	9.3	10.8	12.1	12.2	11.7	12.4	11.9	10.8	11.2
3	5	10.1	9.5	11.6	9.1	10.7	12.1	12.2	11.8	12.5	11.8	10.6	11.1
3	6	10.8	10.2	12.0	9.7	11.1	12.4	12.6	12.1	12.7	12.2	11.3	11.6
4	1	11.9	11.3	13.0	11.1	12.3	13.4	13.2	13.6	13.6	13.0	12.2	12.5
4	2	13.6	12.8	14.6	12.6	13.8	14.9	15.0	14.6	15.3	14.6	13.9	14.2
4	3	13.6	13.0	14.8	12.6	13.9	15.2	15.2	14.7	15.5	14.8	13.9	14.3
4	4	15.1	14.4	16.0	14.3	15.1	16.3	16.4	15.9	16.6	15.8	15.3	15.6
4	5	15.8	15.2	16.8	15.0	15.8	17.0	17.1	16.6	17.4	16.4	16.0	16.3
4	6	16.2	15.7	17.3	15.6	16.3	17.5	17.7	17.2	17.9	17.1	16.5	16.8
5	1	17.1	16.6	18.2	16.4	17.2	18.4	18.5	18.0	18.6	17.7	17.4	17.6
5	2	17.5	17.0	18.6	16.9	17.5	18.7	18.8	18.4	19.0	18.1	17.7	18.0
5	3	18.4	17.9	19.4	17.7	18.4	19.5	19.6	19.2	19.7	18.9	18.6	18.8

月	候	宁化	泰宁	将乐	建宁	明溪	沙县	三明	尤溪	永安	大田	清流	平均值
5	4	18.5	18.1	19.5	17.9	18.6	19.7	19.7	19.2	19.8	19.0	18.7	19.0
5	5	18.9	18.4	19.8	18.3	18.7	19.8	20.0	19.5	20.1	19.3	19.1	19.3
5	6	19.5	19.2	20.4	19.0	19.4	20.5	20.6	20.1	20.7	19.8	19.8	19.9
6	1	20.0	19.5	20.8	19.4	19.8	21.0	21.1	20.5	21.2	20.3	20.1	20.3
6	2	20.4	20.0	21.2	20.0	20.2	21.4	21.5	21.1	21.5	20.7	20.6	20.8
6	3	20.9	20.5	21.7	20.4	20.7	21.8	21.8	21.6	21.9	21.1	21.0	21.2
6	4	21.7	21.5	22.6	21.4	21.6	22.7	22.8	22.5	22.8	21.9	21.9	22.1
6	5	22.2	21.9	23.1	21.9	22.0	23.1	23.2	22.9	23.2	22.4	22.3	22.6
6	6	22.4	22.3	23.4	22.3	22.1	23.4	23.5	23.0	23.2	22.5	22.4	22.8
7	1	22.7	22.6	23.7	22.6	22.4	23.8	23.8	23.2	23.9	22.8	22.6	23.1
7	2	22.7	22.7	23.8	22.6	22.4	23.8	24.0	23.3	23.8	22.8	22.7	23.1
7	3	22.8	22.8	23.9	22.6	22.4	23.9	24.0	23.4	23.9	22.7	22.8	23.2
7	4	22.7	22.7	23.9	22.7	22.5	23.9	24.1	23.4	23.8	22.7	22.8	23.2
7	5	22.5	22.6	23.8	22.5	22.3	23.9	23.9	23.3	23.7	22.5	22.6	23.0
7	6	22.4	22.5	23.8	22.4	22.3	23.8	23.9	23.3	23.6	22.4	22.6	23.0

1.3.2.2　4—5 月极端最低气温分析

从 1961—2014 年的极端最低气温数据来看,4 月三明地区全部县(区、市)候极端最低气温在 11.1~17.9 ℃,从 4 月第 4 候开始,候极端最低气温超过了 15 ℃。5月三明地区全部县(区、市)候极端最低气温在 16.4~20.7 ℃,少部分县(区、市)超过了 20 ℃。

1.3.2.3　6—7 月极端最低气温分析

从 1961—2014 年的极端最低气温数据来看,6 月三明地区全部县(区、市)候极端最低气温在 19.4~23.5 ℃,期间大部分候极端最低气温超过了 20 ℃,部分达到了23 ℃ 以上。7 月三明地区全部县(区、市)极端最低气温在 22.3~24.1 ℃,全部县(区、市)超过了 23 ℃,部分县(区、市)超过了 24 ℃。

1.3.3　龙岩地区候极端最低气温

1.3.3.1　1—3 月极端最低气温分析

表 1.13 为 1961—2014 年 1—7 月龙岩地区各县(区、市)候极端最低气温分布。从 1961—2014 年的极端最低气温数据来看,1 月龙岩地区各县(区、市)候极端最低气温在 3.8~8.3 ℃,全地区候极端最低气温平均值为 6.1 ℃。2 月龙岩地区各县(区、市)候极端最低气温在 4.7~10.7 ℃,2 月全地区候极端最低气温平均值为

8.4 ℃。3 月第 1～3 候龙岩地区各县(区、市)候极端最低气温在 7.7～12.6 ℃,3 月第 1～3 候全地区候平均极端最低气温平均值为 10.6 ℃。

在龙岩地区各县(区、市)中,1 月极端最低气温热量条件比南平和三明好,但 1 月极端气温仍是较低,大部分县(区、市)不足 8 ℃,只有部分县(区、市),如龙岩和永定在 1 月第 5 候达到了 8 ℃界限气温。从全地区平均值来看,2 月第 3 候为 8.4 ℃,稳定通过了 8 ℃界限,大部分县(区、市)提早 1 候,或者更早一些;3 月第 2 候为 10.5 ℃,候极端最低气温稳定通过了 10 ℃界限,其中龙岩和永定更早,在 2 月第 4 候就通过了 10 ℃界限。

表 1.13　1961—2014 年 1—7 月龙岩地区各县(区、市)候极端最低气温分布　　单位:℃

月	候	长汀	连城	上杭	龙岩	武平	永定	平均值
1	1	3.8	4.8	6.1	7.2	5.5	7.1	5.8
1	2	4.0	5.0	6.3	7.5	5.5	7.4	6.0
1	3	3.9	4.9	6.4	7.3	5.6	7.2	5.9
1	4	3.9	4.8	6.1	7.2	5.3	7.1	5.7
1	5	4.7	5.8	7.1	8.3	6.4	8.2	6.8
1	6	4.5	5.5	6.8	8.2	6.1	8.1	6.5
2	1	4.7	5.7	7.0	8.1	6.5	8.0	6.7
2	2	5.7	6.7	8.0	9.0	7.4	8.9	7.6
2	3	6.5	7.5	8.9	9.8	8.3	9.7	8.4
2	4	7.3	8.2	9.6	10.4	8.9	10.3	9.1
2	5	7.7	8.7	9.9	10.7	9.4	10.3	9.5
2	6	7.6	8.4	9.7	10.3	9.0	10.2	9.2
3	1	7.7	8.6	9.9	10.7	9.5	10.6	9.5
3	2	8.8	9.7	11.0	11.5	10.3	11.4	10.5
3	3	10.3	11.0	12.3	12.6	11.7	12.5	11.7
3	4	11.5	12.2	13.3	13.5	12.8	13.4	12.8
3	5	11.1	11.8	13.2	13.6	12.6	13.5	12.6
3	6	11.8	12.6	13.8	13.8	13.2	13.7	13.1
4	1	13.0	13.6	14.9	14.6	14.4	14.5	14.2
4	2	14.6	15.2	16.4	16.1	15.9	16.0	15.7
4	3	14.7	15.2	16.5	16.1	15.9	16.0	15.7
4	4	16.1	16.5	17.7	17.2	17.3	17.1	17.0
4	5	16.9	17.3	18.5	18.0	18.0	17.9	17.7
4	6	17.2	17.8	18.9	18.4	18.3	18.3	18.1
5	1	18.1	18.4	19.5	19.0	19.0	18.9	18.8
5	2	18.5	18.9	19.9	19.4	19.4	19.3	19.2

月	候	长汀	连城	上杭	龙岩	武平	永定	平均值
5	3	19.3	19.5	20.7	20.1	20.2	20.0	20.0
5	4	19.4	19.6	20.8	20.3	20.3	20.2	20.1
5	5	19.6	19.9	21.1	20.4	20.5	20.3	20.3
5	6	20.3	20.4	21.6	20.9	21.2	20.8	20.9
6	1	20.7	21.0	22.1	21.4	21.6	21.3	21.3
6	2	21.1	21.3	22.3	21.7	21.8	21.6	21.6
6	3	21.6	21.7	22.8	22.2	22.2	22.1	22.1
6	4	22.3	22.5	23.4	22.8	22.9	22.7	22.8
6	5	22.7	23.0	24.0	23.4	23.4	23.3	23.3
6	6	22.9	23.1	23.9	23.3	23.4	23.2	23.3
7	1	23.1	23.5	24.2	23.6	23.5	23.5	23.6
7	2	23.0	23.5	24.3	23.6	23.6	23.5	23.6
7	3	23.1	23.6	24.3	23.5	23.5	23.4	23.6
7	4	23.0	23.6	24.3	23.6	23.5	23.5	23.6
7	5	22.9	23.4	24.1	23.4	23.5	23.3	23.4
7	6	22.8	23.1	23.9	23.2	23.3	23.1	23.2

1.3.3.2　4—5月极端最低气温分析

从1961—2014年的极端最低气温数据来看,4月龙岩地区全部县(区、市)候极端最低气温在13.0~18.9 ℃,从4月第2候开始,候极端最低气温超过了15 ℃。5月龙岩地区全部县(区、市)候极端最低气温在18.1~21.6 ℃,少部分县(区、市)超过了20 ℃。

1.3.3.3　6—7月极端最低气温分析

从1961—2014年的极端最低气温数据来看,6月龙岩地区全部县(区、市)候极端最低气温在20.7~24.0 ℃,期间大部分候极端最低气温超过了20 ℃,部分达到了23 ℃以上。7月龙岩地区全部县(区、市)候极端最低气温在22.8~24.3 ℃,全部县(区、市)超过了23 ℃,部分县(区、市)超过了24 ℃。

1.4　日照

烤烟生长期日照时间以8~10 h为宜,尤其在成熟期,日光充足而不强烈是产生优质烟叶的必要条件。

1.4.1　南平地区日照时数

1.4.1.1　1—3月日照时数分析

表1.14为1961—2014年1—7月南平地区各县(区、市)候日照时数分布。从1961—2014年的日照时数数据来看,1月南平地区各县(区、市)候日照时数在2.6～4.0 h,1月全地区候日照时数平均值为3.3 h。2月南平地区各县(区、市)候日照时数在2.2～3.7 h,2月全地区候日照时数平均值为2.9 h。3月南平地区各县(区、市)候日照时数在2.1～3.7 h,3月全地区候日照时数平均值为3.0 h。

表1.14　1961—2014年1—7月南平地区各县(区、市)候日照时数分布　　　单位:h

月	候	光泽	邵武	武夷	浦城	建阳	松溪	建瓯	南平	顺昌	政和	平均值
1	1	3.3	3.2	3.9	3.8	3.2	3.6	3.7	3.6	3.6	3.8	3.6
1	2	3.4	3.3	3.9	3.9	3.4	3.7	3.2	3.0	3.1	4.0	3.5
1	3	3.2	3.3	3.7	3.6	3.3	3.5	2.9	3.0	2.9	3.9	3.3
1	4	2.7	2.7	3.1	3.1	2.7	3.0	2.7	3.0	2.6	3.2	2.9
1	5	2.6	2.7	3.2	3.4	2.8	3.1	2.9	3.2	2.8	3.2	3.0
1	6	3.0	3.0	3.6	3.6	3.1	3.3	3.2	3.4	3.2	3.7	3.3
2	1	2.9	2.8	3.2	3.4	2.9	3.1	3.1	3.1	3.1	3.3	3.1
2	2	3.1	3.0	3.6	3.7	3.2	3.3	2.9	3.0	3.0	3.2	3.2
2	3	2.7	2.6	3.1	3.2	2.8	2.9	2.5	2.5	2.2	2.8	2.7
2	4	2.5	2.4	2.8	2.9	2.6	2.8	2.9	3.2	2.7	2.9	2.8
2	5	2.2	2.3	2.6	2.8	2.5	2.6	3.2	3.4	3.1	3.4	2.8
2	6	3.1	3.1	3.4	3.6	3.2	3.3	3.2	3.3	3.2	3.7	3.3
3	1	3.2	3.2	3.6	3.7	3.4	3.4	3.5	3.5	3.3	3.7	3.4
3	2	2.7	2.7	3.0	3.2	2.9	3.0	3.0	3.0	3.0	3.4	3.0
3	3	2.5	2.5	2.9	3.0	2.8	2.8	2.2	2.4	2.3	3.0	2.6
3	4	2.1	2.3	2.5	2.6	2.4	2.4	2.7	2.9	2.1	2.5	2.5
3	5	2.7	2.8	3.1	3.5	2.9	3.1	3.2	3.4	3.0	3.2	3.1
3	6	2.9	2.8	3.2	3.5	3.0	3.1	3.7	3.6	3.6	3.3	3.3
4	1	2.8	2.7	3.0	3.5	3.1	3.2	4.0	4.1	3.8	3.3	3.3
4	2	2.9	2.9	3.2	3.6	3.2	3.5	3.6	3.5	3.2	3.5	3.3
4	3	3.6	3.5	3.9	4.4	3.8	4.0	3.3	3.6	3.3	4.1	3.7
4	4	3.5	3.5	4.0	4.3	3.9	3.9	3.5	3.9	3.3	4.1	3.8
4	5	3.8	3.8	4.1	4.6	4.3	4.1	4.1	4.2	3.8	4.6	4.1
4	6	3.6	3.5	3.9	4.5	3.9	4.0	4.0	4.0	3.9	4.3	4.0

月	候	光泽	邵武	武夷	浦城	建阳	松溪	建瓯	南平	顺昌	政和	平均值
5	1	3.8	3.7	3.9	4.4	4.0	4.1	4.2	4.2	4.2	4.6	4.1
5	2	3.8	3.8	3.9	4.3	4.1	4.1	3.8	3.8	3.9	4.6	4.0
5	3	3.6	3.5	3.6	4.1	3.9	3.9	4.2	4.2	4.1	4.0	3.9
5	4	4.1	3.9	4.3	4.6	4.3	4.2	4.2	4.6	4.0	4.4	4.3
5	5	4.2	4.0	4.2	4.8	4.4	4.3	4.5	4.8	4.3	4.7	4.4
5	6	4.0	3.9	4.1	4.5	4.2	4.2	4.2	4.3	4.2	4.5	4.2
6	1	4.6	4.5	4.7	5.3	4.9	4.8	4.5	4.5	4.4	5.0	4.7
6	2	4.0	3.7	3.9	4.5	4.3	4.2	4.8	4.9	5.2	4.3	4.4
6	3	4.1	3.9	3.9	4.4	4.1	4.0	5.2	5.6	5.0	4.1	4.4
6	4	3.7	3.7	3.6	4.3	4.1	4.0	4.5	5.1	4.3	4.3	4.2
6	5	4.5	4.4	4.2	5.1	5.0	4.7	4.9	5.1	4.8	5.1	4.8
6	6	5.0	4.9	4.8	5.6	5.5	5.4	4.4	4.3	4.5	5.6	5.0
7	1	6.7	6.5	6.7	7.1	7.2	7.0	7.8	7.9	7.9	7.2	7.2
7	2	6.9	6.9	6.8	7.4	7.4	7.3	7.9	7.8	8.2	7.7	7.4
7	3	7.3	7.2	7.4	8.1	8.0	7.8	7.9	8.1	8.0	8.3	7.8
7	4	7.7	7.5	7.7	8.3	8.2	7.9	7.3	7.7	7.0	8.0	7.7
7	5	7.7	7.5	7.8	8.2	8.0	7.8	8.1	8.2	7.8	7.9	7.9
7	6	7.0	7.0	7.1	7.8	7.6	7.4	8.4	8.1	8.3	7.6	7.6

1.4.1.2　4—5 月日照时数分析

　　从 1961—2014 年的日照时数数据来看,4 月南平地区各县(区、市)候日照时数在 2.7～4.6 h,4 月全地区候日照时数平均值为 3.7 h。5 月南平地区各县(区、市)候日照时数在 3.5～4.8 h,5 月全地区候日照时数平均值为 4.15 h。

1.4.1.3　6—7 月日照时数分析

　　从 1961—2014 年的日照时数数据来看,6 月南平地区各县(区、市)候日照时数在 3.6～5.6 h,6 月全地区候日照时数平均值为 4.58 h。7 月南平地区各县(区、市)候日照时数在 6.5～8.4 h,7 月全地区候日照时数平均值为 7.6 h。

1.4.2　三明地区日照时数

1.4.2.1　1—3 月日照时数分析

　　表 1.15 为 1961—2014 年 1—7 月三明地区各县(区、市)候日照时数分布。从 1961—2014 年的日照时数数据来看,1 月三明地区各县(区、市)候日照时数在 2.4～4.0 h,1 月全地区候日照时数平均值为 3.3 h。2 月三明地区各县(区、市)候日照时

数在 2.2～3.4 h,2 月全地区候日照时数平均值为 2.9 h。3 月三明地区各县(区、市)候日照时数在 2.1～3.7 h,3 月全地区候日照时数平均值为 3.0 h。

1.4.2.2　4—5 月日照时数分析

从 1961—2014 年的日照时数数据来看,4 月三明地区各县(区、市)候日照时数在 2.5～4.4 h,4 月全地区候日照时数平均值为 3.5 h。5 月三明地区各县(区、市)候日照时数在 3.5～4.4 h,5 月全地区候日照时数平均值为 4.0 h。

1.4.2.3　6—7 月日照时数分析

从 1961—2014 年的日照时数数据来看,6 月三明地区各县(区、市)候日照时数在 3.7～6.7 h,6 月全地区候日照时数平均值为 4.6 h。7 月三明地区各县(区、市)候日照时数在 6.1～8.7 h,7 月全地区候日照时数平均值为 7.6 h。

表 1.15　1961—2014 年 1—7 月三明地区各县(区、市)候日照时数分布　　单位:h

月	候	宁化	泰宁	将乐	建宁	明溪	沙县	三明	尤溪	永安	大田	清流	平均值
1	1	4.0	3.7	3.5	3.3	3.5	3.8	3.2	3.5	3.8	3.4	3.5	3.6
1	2	3.8	3.5	3.4	3.2	3.3	3.8	3.3	3.6	3.9	3.5	3.5	3.5
1	3	3.6	3.3	3.3	3.2	3.1	3.7	3.3	3.4	3.8	3.4	3.6	3.4
1	4	3.5	3.1	3.1	3.0	3.1	3.4	3.1	3.4	3.6	3.2	3.2	3.2
1	5	2.8	2.5	2.4	2.6	2.5	2.7	2.6	2.8	3.1	2.7	2.9	2.7
1	6	3.1	2.8	2.7	2.7	2.7	3.1	2.9	3.1	2.9	2.9	2.9	2.9
2	1	3.0	2.9	2.8	2.8	2.8	3.0	2.9	3.0	3.2	2.8	3.0	2.9
2	2	3.4	3.1	3.0	3.0	3.0	3.3	3.2	3.2	3.4	3.2	3.2	3.2
2	3	3.2	3.0	2.9	3.0	2.9	3.2	3.1	3.2	3.1	3.1	2.9	3.1
2	4	2.6	2.5	2.4	2.4	2.4	2.6	2.6	2.9	2.7	2.8	2.8	2.6
2	5	2.7	2.5	2.4	2.5	2.4	2.7	2.8	3.0	2.9	2.8	3.0	2.7
2	6	3.1	2.8	2.8	2.9	2.8	3.0	3.0	3.2	3.1	3.0	3.2	3.0
3	1	3.6	3.3	3.2	3.2	3.2	3.5	3.6	3.6	3.7	3.5	3.7	3.5
3	2	2.9	2.7	2.6	2.9	2.9	2.9	3.0	3.1	3.3	3.1	3.3	3.0
3	3	2.5	2.3	2.3	2.5	2.3	2.5	2.8	2.9	3.1	2.8	3.1	2.6
3	4	2.5	2.2	2.3	2.4	2.4	2.4	2.7	2.8	2.8	2.6	2.9	2.6
3	5	2.5	2.4	2.4	2.5	2.5	2.5	2.8	2.8	2.8	2.7	2.8	2.6
3	6	3.0	2.7	2.8	3.0	2.9	2.9	3.2	3.3	3.0	3.1	3.4	3.0
4	1	2.8	2.5	2.7	2.7	2.8	2.6	2.8	2.9	2.9	2.9	3.0	2.8
4	2	2.9	2.7	2.6	2.8	2.9	2.9	3.1	3.1	3.1	3.0	3.2	2.9
4	3	3.5	3.1	3.1	3.4	3.2	3.4	3.5	3.6	3.5	3.5	3.6	3.4

月	候	宁化	泰宁	将乐	建宁	明溪	沙县	三明	尤溪	永安	大田	清流	平均值
4	4	3.8	3.6	3.4	3.6	3.5	3.5	4.0	4.0	4.0	3.8	4.0	3.8
4	5	4.0	3.8	3.6	3.8	3.7	3.8	4.2	4.4	4.1	4.1	4.3	4.0
4	6	4.3	4.0	4.0	4.2	4.2	3.9	4.4	4.4	4.2	4.1	4.3	4.2
5	1	4.0	3.7	3.5	3.9	3.9	3.7	4.2	4.3	3.9	4.1	4.2	3.9
5	2	4.3	4.0	3.8	4.0	4.0	3.8	4.3	4.3	3.9	4.2	4.2	4.1
5	3	4.1	3.8	3.7	3.8	3.8	3.7	4.2	4.2	3.8	4.0	4.1	3.9
5	4	4.2	3.8	3.9	4.1	4.1	3.7	4.1	4.0	3.5	3.9	4.0	3.9
5	5	4.4	4.0	3.9	4.0	4.1	3.9	4.2	4.2	3.8	4.2	4.1	4.1
5	6	4.2	3.9	3.9	4.1	4.1	3.9	4.3	4.2	3.8	4.1	4.1	4.1
6	1	4.5	4.2	4.3	4.4	4.4	4.2	4.8	4.6	4.1	4.7	4.6	4.4
6	2	4.3	4.1	4.1	4.3	4.3	4.0	4.7	4.4	3.8	4.5	4.3	4.3
6	3	4.2	3.8	3.8	3.9	4.0	3.8	4.2	4.0	3.8	4.1	4.0	4.0
6	4	4.3	3.7	3.8	4.1	4.2	3.7	4.4	4.3	3.9	4.1	4.1	4.1
6	5	4.9	4.5	4.2	4.6	4.8	4.4	5.0	5.0	4.8	4.7	5.0	4.7
6	6	6.3	6.0	5.8	5.9	6.3	5.7	6.5	6.7	6.1	6.3	6.4	6.2
7	1	7.3	7.0	6.9	7.1	7.5	7.0	7.8	7.5	7.0	7.3	7.5	7.3
7	2	7.5	7.3	7.3	7.3	7.5	7.1	7.9	7.7	7.0	7.5	7.5	7.4
7	3	8.0	7.5	7.5	7.6	7.9	7.3	8.1	7.9	7.1	7.6	7.8	7.6
7	4	8.2	7.8	7.6	7.7	8.2	7.5	8.1	7.9	6.9	7.7	7.6	7.8
7	5	8.7	8.3	8.3	8.3	8.7	8.2	8.6	8.3	7.3	8.2	8.0	8.3
7	6	7.4	7.2	7.2	7.3	7.5	7.1	7.5	7.2	6.1	7.2	7.1	7.1

1.4.3 龙岩地区日照时数

1.4.3.1 1—3 月日照时数分析

表 1.16 为 1961—2014 年 1—7 月龙岩地区各县(区、市)候日照时数分布。从 1961—2014 年的日照时数数据来看,1 月龙岩地区各县(区、市)候日照时数在 2.9～4.8 h,1 月全地区候日照时数平均值为 4.0 h。2 月龙岩地区各县(区、市)候日照时数在 2.5～3.8 h,2 月全地区候日照时数平均值为 3.3 h。3 月龙岩地区各县(区、市)候日照时数在 2.0～3.8 h,3 月全地区候日照时数平均值为 3.0 h。

表 1.16　1961—2014 年 1—7 月龙岩地区各县(区、市)候日照时数分布　　单位:h

月	候	长汀	连城	上杭	龙岩	武平	漳平	永定	平均值
1	1	3.9	4.0	4.4	4.6	4.3	4.0	4.4	4.3
1	2	3.9	4.1	4.5	4.7	4.1	4.2	4.8	4.4
1	3	3.8	4.0	4.4	4.6	4.0	4.0	4.6	4.3
1	4	3.3	3.6	4.1	4.2	3.6	3.8	4.5	4.0
1	5	2.9	3.1	3.5	3.8	3.4	3.3	3.8	3.5
1	6	3.4	3.7	4.0	4.3	3.8	3.5	3.9	3.9
2	1	3.2	3.3	3.5	3.6	3.4	3.5	3.6	3.5
2	2	3.3	3.4	3.6	3.7	3.4	3.7	3.8	3.6
2	3	3.0	3.2	3.4	3.6	2.9	3.5	3.8	3.4
2	4	2.8	2.9	3.0	3.3	3.0	3.2	3.3	3.1
2	5	2.5	2.8	2.9	2.9	2.9	3.1	3.1	2.9
2	6	3.2	3.4	3.4	3.6	3.2	3.3	3.4	3.4
3	1	3.3	3.6	3.6	3.7	3.3	3.8	3.7	3.6
3	2	2.6	2.8	3.0	3.2	2.6	3.5	3.4	3.1
3	3	2.4	2.8	2.9	3.1	2.0	3.1	3.1	2.8
3	4	2.3	2.4	2.6	2.7	2.2	3.0	2.8	2.6
3	5	2.6	2.8	2.9	3.0	2.6	2.8	2.6	2.8
3	6	2.8	3.1	3.0	3.3	2.7	3.3	3.2	3.1
4	1	2.5	2.7	2.5	2.7	2.1	2.9	2.8	2.6
4	2	2.9	3.1	3.0	3.3	2.5	3.0	2.8	3.0
4	3	3.7	4.0	3.9	4.1	3.5	3.6	3.8	3.8
4	4	3.4	3.8	3.7	3.8	3.3	4.0	3.9	3.8
4	5	3.9	4.1	4.0	4.1	3.5	4.3	4.3	4.1
4	6	3.4	3.6	3.4	3.7	2.9	4.3	4.0	3.6
5	1	3.8	4.1	3.9	3.8	3.5	4.1	3.9	3.9
5	2	3.8	4.1	4.1	4.1	3.8	4.3	4.2	4.1
5	3	3.7	3.8	4.0	3.9	3.6	4.3	4.3	4.0
5	4	3.9	4.0	4.1	3.8	3.6	3.9	4.0	3.9
5	5	4.2	4.2	4.3	4.1	3.5	4.3	4.3	4.1
5	6	4.1	4.2	4.3	4.2	3.5	4.1	4.2	4.1
6	1	4.1	4.2	4.2	4.1	3.7	4.3	4.2	4.1
6	2	3.9	4.0	4.2	4.1	3.7	4.2	4.2	4.1
6	3	3.8	3.9	4.1	4.0	3.8	4.1	4.4	4.1

续表

月	候	长汀	连城	上杭	龙岩	武平	漳平	永定	平均值
6	4	4.3	4.5	4.7	4.5	4.4	4.1	4.5	4.4
6	5	5.0	5.4	5.3	5.1	4.7	5.0	5.3	5.2
6	6	5.5	5.8	5.6	5.4	5.0	5.8	6.1	5.6
7	1	7.1	7.3	7.3	7.1	6.9	6.9	7.2	7.1
7	2	7.5	7.6	7.5	7.1	7.1	7.2	7.4	7.3
7	3	7.7	7.7	7.6	7.2	7.1	7.2	7.6	7.4
7	4	7.9	7.9	7.7	7.3	7.1	7.1	7.2	7.4
7	5	7.6	7.5	7.3	6.7	6.9	7.7	7.6	7.3
7	6	7.1	6.8	6.8	6.5	6.3	6.3	6.5	6.5

1.4.3.2　4—5月日照时数分析

从1961—2014年的日照时数数据来看,4月龙岩地区各县(区、市)候日照时数在2.1～4.3 h,4月全地区候日照时数平均值为3.5 h。5月龙岩地区各县(区、市)候日照时数在3.5～4.3 h,5月全地区候日照时数平均值为4.0 h。

1.4.3.3　6—7月日照时数分析

从1961—2014年的日照时数数据来看,6月龙岩地区各县(区、市)候日照时数在3.7～6.1 h,6月全地区候日照时数平均值为4.6 h。7月龙岩地区各县(区、市)候日照时数在6.3～7.9 h,7月全地区候日照时数平均值为7.2 h。

1.5　降水量

烤烟叶片大,需要水多。水分条件与烤烟的生长发育和产量及品质关系密切。只有水分适当才能使烤烟正常生长,并获得优良的品质和较高的产量。大田烤烟需水量为450～550 mm,生育阶段需水量强度规律呈现旺长期>成熟期>伸根期的变化特征。烤烟大田生产期间要求月平均降雨量在100～130 mm比较合适,而且分布要合理。移栽时雨水来临,土壤湿润,有利于还苗。伸根期要适度干旱,以利生根。旺长期需水较多,雨量充沛可促进烟株旺盛生长。成熟期雨量应减少,利于烤烟适时成熟采收。

1.5.1　南平地区降水量

1.5.1.1　1—3月降水量分析

表1.17为1961—2014年1—7月南平地区各县(区、市)候降水量分布。从1961—2014年的降水量数据来看,1月南平地区各县(区、市)候降水量在1.4～

3.3 mm，1 月全地区候降水量平均值为 2.2 mm。2 月南平地区各县（区、市）候降水量在 2.6～5.1 mm，2 月全地区候降水量平均值为 3.9 mm。3 月南平地区各县（区、市）候降水量在 4.8～7.7 mm，3 月全地区候降水量平均值为 6.3 mm。

1.5.1.2　4—5 月降水量分析

从 1961—2014 年的降水量数据来看，4 月南平地区各县（区、市）候降水量在 5.3～9.5 mm，4 月全地区候降水量平均值为 7.6 mm。5 月南平地区各县（区、市）候降水量在 7.4～11.0 mm，5 月全地区候降水量平均值为 9.0 mm。

1.5.1.3　6—7 月降水量分析

从 1961—2014 年的降水量数据来看，6 月南平地区各县（区、市）候降水量在 5.2～22.3 mm，6 月全地区候降水量平均值为 11.3 mm。7 月南平地区各县（区、市）候降水量在 3.0～7.7 mm，7 月全地区候降水量平均值为 4.5 mm。

表 1.17　1961—2014 年 1—7 月南平地区各县（区、市）候降水量分布　　　单位：mm

月	候	光泽	邵武	武夷	浦城	建阳	松溪	建瓯	南平	顺昌	政和	平均值
1	1	1.8	1.7	1.6	1.5	1.8	1.5	1.7	1.6	1.5	1.6	1.6
1	2	1.6	1.5	1.5	1.5	1.6	1.5	1.6	1.4	1.4	1.4	1.5
1	3	3.3	2.8	3.0	2.9	2.9	2.5	2.4	2.3	2.2	2.3	2.6
1	4	2.4	2.1	2.1	2.0	2.3	2.0	1.9	1.7	1.5	1.7	2.0
1	5	2.9	2.9	2.9	2.7	3.0	2.8	3.0	3.0	2.7	3.0	2.9
1	6	3.0	2.4	2.8	2.5	2.6	2.5	2.5	2.5	2.3	2.5	2.5
2	1	4.1	4.1	3.7	3.3	4.0	3.7	3.9	3.6	3.0	3.6	3.7
2	2	3.6	3.5	3.4	3.2	3.6	3.2	3.5	3.2	3.0	3.2	3.3
2	3	3.6	3.4	3.3	3.0	3.3	3.2	3.1	3.0	2.6	3.0	3.2
2	4	4.7	4.9	5.0	4.5	4.7	4.3	5.1	5.0	4.7	5.0	4.8
2	5	4.2	3.8	4.0	3.8	3.7	3.4	3.7	3.7	3.6	3.7	3.8
2	6	5.0	4.9	4.8	4.6	5.0	4.7	4.9	5.0	4.8	5.0	4.9
3	1	5.4	5.5	5.5	5.3	5.6	4.8	5.1	5.4	4.9	5.4	5.3
3	2	6.0	5.7	6.0	5.5	5.6	5.1	5.7	5.3	5.1	5.3	5.5
3	3	6.6	6.7	6.5	5.6	6.6	5.6	6.4	6.2	5.6	6.2	6.1
3	4	7.4	7.3	6.7	5.9	7.0	6.9	7.6	7.4	6.8	7.4	7.1
3	5	7.4	7.0	7.3	6.7	6.9	7.0	7.0	7.1	6.9	7.1	7.0
3	6	7.7	7.5	7.2	6.5	7.0	6.6	6.3	6.7	6.0	6.7	6.8
4	1	8.5	8.7	7.1	7.1	7.9	7.7	7.9	7.8	7.7	7.8	7.9
4	2	8.7	8.8	8.7	7.5	7.8	8.0	7.4	7.6	6.4	7.6	7.9

月	候	光泽	邵武	武夷	浦城	建阳	松溪	建瓯	南平	顺昌	政和	平均值
4	3	9.3	9.0	8.4	7.8	7.9	7.6	7.2	7.4	7.0	7.4	7.9
4	4	9.0	8.7	9.2	7.9	7.6	6.8	7.4	7.1	6.9	7.1	7.8
4	5	9.5	8.1	9.0	8.0	7.7	7.9	7.6	7.5	8.0	7.5	8.1
4	6	7.3	6.5	6.8	6.0	6.1	5.3	5.7	6.0	5.9	6.0	6.2
5	1	8.8	9.2	9.2	8.5	9.5	9.0	9.0	9.4	8.5	9.4	9.0
5	2	9.2	9.5	8.7	8.4	8.1	7.4	8.4	8.8	10.1	8.8	8.7
5	3	10.1	9.8	10.1	9.0	8.9	8.8	8.7	7.5	8.3	7.5	8.9
5	4	9.4	9.4	11.0	9.9	9.1	9.5	9.0	9.9	9.4	9.9	9.6
5	5	9.6	8.4	9.9	7.7	7.9	7.6	9.0	8.5	8.0	8.5	8.5
5	6	10.2	9.1	10.5	8.3	9.2	8.8	9.0	8.7	8.1	8.7	9.1
6	1	9.3	9.5	9.4	9.1	8.6	9.3	8.9	9.0	9.2	9.0	9.1
6	2	10.4	10.0	9.9	9.8	9.0	10.1	7.4	7.9	7.3	7.9	9.0
6	3	14.2	13.4	13.7	13.7	12.8	12.9	11.9	13.1	12.2	13.1	13.1
6	4	18.8	16.5	22.3	17.5	15.7	14.4	15.1	14.7	13.0	14.7	16.3
6	5	15.3	13.4	15.2	14.9	11.1	12.3	10.1	11.7	10.8	11.7	12.7
6	6	10.0	8.4	11.5	9.2	7.1	6.4	6.2	6.9	5.2	6.9	7.8
7	1	7.7	6.2	6.5	6.5	4.4	5.4	4.2	4.9	5.1	4.9	5.6
7	2	7.3	6.5	7.4	6.0	4.8	5.0	4.9	4.6	4.7	4.6	5.6
7	3	6.2	5.5	6.3	4.1	3.3	3.8	3.4	3.9	3.7	3.9	4.4
7	4	4.7	4.3	4.8	3.1	3.7	3.6	3.6	3.5	3.4	3.5	3.8
7	5	4.0	3.9	4.4	3.2	3.3	3.0	3.4	3.9	4.3	3.9	3.7
7	6	4.4	3.6	4.8	3.3	4.0	3.9	3.3	4.5	4.8	4.5	4.1

1.5.2　三明地区降水量

1.5.2.1　1—3月降水量分析

表1.18为1961—2014年1—7月三明地区各县(区、市)候降水量分布。从1961—2014年的降水量数据来看,1月三明地区各县(区、市)候降水量在1.1～3.2 mm,1月全地区候降水量平均值为1.8 mm。2月三明地区各县(区、市)候降水量在2.5～5.5 mm,2月全地区候降水量平均值为3.3 mm。3月三明地区各县(区、市)候降水量在3.9～7.6 mm,3月全地区候降水量平均值为5.1 mm。

表 1.18　1961—2014 年 1—7 月三明地区各县(区、市)候降水量分布　　　单位:mm

月	候	宁化	清流	泰宁	将乐	建宁	明溪	沙县	三明	尤溪	永安	大田	平均值
1	1	1.8	1.8	1.9	1.7	2.0	1.8	1.8	1.5	1.4	1.5	1.3	1.7
1	2	1.7	1.6	1.7	1.5	1.8	1.5	1.5	1.3	1.1	1.3	1.2	1.5
1	3	2.3	2.3	2.9	2.3	2.7	2.3	2.5	2.2	1.7	2.4	2.0	2.3
1	4	1.8	1.7	2.1	1.7	2.1	1.6	1.7	1.4	1.3	1.5	1.4	1.7
1	5	3.1	3.0	3.0	3.0	3.2	3.0	3.2	2.5	2.7	2.8	2.7	2.9
1	6	2.5	2.7	2.7	2.6	2.7	2.6	2.7	2.5	2.4	2.3	2.1	2.5
2	1	3.1	3.3	4.0	3.4	3.8	3.3	3.3	2.7	2.6	2.9	2.5	3.2
2	2	3.3	3.2	3.6	3.1	3.7	3.1	3.4	2.7	2.6	3.0	2.6	3.1
2	3	3.0	3.0	3.2	3.0	3.3	3.0	3.0	2.6	2.5	2.6	2.5	2.9
2	4	4.9	5.3	5.0	5.0	4.8	5.4	5.5	4.7	4.5	5.0	4.5	5.0
2	5	4.4	4.4	4.0	3.9	4.2	4.5	4.3	3.9	3.5	3.7	3.4	4.0
2	6	4.9	5.1	5.5	4.9	5.4	5.0	5.0	4.5	4.0	4.6	4.1	4.8
3	1	5.2	5.6	6.0	5.7	6.0	5.3	4.8	4.5	4.2	4.8	4.2	5.1
3	2	5.4	5.4	5.7	5.4	5.5	5.7	5.3	4.6	4.4	4.9	3.9	5.1
3	3	5.8	5.5	6.4	6.3	6.5	6.2	5.4	5.0	4.4	5.3	5.0	5.6
3	4	6.9	7.2	7.5	7.5	7.4	7.3	6.9	5.9	5.9	6.3	5.9	6.8
3	5	7.6	7.4	6.9	7.6	7.2	7.4	7.6	7.0	6.2	7.5	6.3	7.2
3	6	6.8	7.1	7.1	6.7	7.2	7.0	6.0	6.2	5.1	6.5	5.3	6.5
4	1	8.8	8.5	8.7	7.8	8.7	8.7	8.2	7.5	7.1	8.0	7.3	8.1
4	2	7.9	8.0	8.1	7.9	8.5	7.6	7.0	6.4	6.0	6.5	6.3	7.3
4	3	7.5	7.5	8.1	7.6	9.3	7.5	7.1	7.0	5.6	7.1	6.6	7.4
4	4	7.5	6.6	8.2	7.6	7.8	7.7	7.0	6.0	5.8	7.0	6.5	7.1
4	5	7.6	7.1	8.0	8.0	8.2	8.2	8.0	6.7	6.3	8.3	6.8	7.6
4	6	6.5	6.7	6.7	6.2	6.6	6.7	6.9	5.9	5.6	6.1	6.1	6.4
5	1	9.2	10.5	10.2	10.0	9.7	8.7	8.5	8.2	9.1	7.9	9.5	9.3
5	2	9.9	9.4	9.2	9.1	9.2	10.1	8.6	7.5	6.6	8.8	8.6	8.8
5	3	9.4	9.8	9.3	8.0	9.7	9.1	8.3	7.8	7.3	8.3	8.1	8.6
5	4	10.7	10.9	9.1	9.6	8.8	10.7	9.8	10.3	9.2	9.5	9.4	9.8
5	5	8.3	8.9	8.3	8.5	8.6	9.7	8.4	8.0	7.3	8.0	8.5	8.4
5	6	8.6	9.3	8.2	9.4	8.9	10.0	9.1	7.9	8.1	8.3	8.5	8.8
6	1	9.8	11.3	8.6	9.4	9.2	11.0	8.5	8.4	9.5	9.6	9.5	9.5

月	候	宁化	清流	泰宁	将乐	建宁	明溪	沙县	三明	尤溪	永安	大田	平均值
6	2	10.0	9.1	7.8	8.2	7.9	8.9	7.3	8.0	7.3	7.1	7.1	8.1
6	3	13.2	13.1	13.2	13.7	14.0	12.5	11.9	11.8	11.4	10.6	11.7	12.5
6	4	12.5	12.4	15.4	13.8	14.9	13.1	11.2	9.4	8.9	10.9	9.3	12.0
6	5	10.1	10.3	13.1	11.2	12.9	11.8	9.4	8.9	7.8	9.3	8.9	10.3
6	6	6.7	6.3	7.1	6.5	6.9	6.0	4.9	4.4	5.1	4.4	4.9	5.7
7	1	4.6	5.7	4.6	4.9	4.9	5.1	4.1	3.8	3.9	4.9	4.1	4.6
7	2	4.5	4.0	4.9	5.4	5.0	4.7	3.7	2.8	3.0	3.7	3.8	4.1
7	3	5.0	3.9	4.2	4.1	5.3	4.1	3.9	3.3	4.2	4.8	4.3	4.3
7	4	3.7	3.7	3.3	3.5	3.6	3.6	3.8	2.5	4.6	3.2	3.7	3.6
7	5	3.4	3.3	3.5	3.0	2.7	3.0	3.4	3.1	4.5	3.7	3.8	3.4
7	6	5.1	5.8	4.1	4.5	4.2	4.6	4.6	4.5	4.2	4.7	4.7	4.6

1.5.2.2　4—5月降水量分析

从1961—2014年的降水量数据来看,4月三明地区各县(区、市)候降水量在5.6～9.3 mm,4月全地区候降水量平均值为6.6 mm。5月三明地区各县(区、市)候降水量在6.6～10.9 mm,5月全地区候降水量平均值为8.7 mm。

1.5.2.3　6—7月降水量分析

从1961—2014年的降水量数据来看,6月三明地区各县(区、市)候降水量在4.4～15.4 mm,6月全地区候降水量平均值为8.6 mm。7月三明地区各县(区、市)候降水量在2.5～5.8 mm,7月全地区候降水量平均值为4.1 mm。

1.5.3　龙岩地区降水量

1.5.3.1　1—3月降水量分析

从1961—2014年的降水量数据来看,1月龙岩地区各县(区、市)候降水量在1.1～2.3 mm,1月全地区候降水量平均值为1.7 mm。2月龙岩地区各县(区、市)候降水量在1.8～5.3 mm,2月全地区候降水量平均值为3.4 mm。3月龙岩地区各县(区、市)候降水量在3.2～8.0 mm,3月全地区候降水量平均值为5.2 mm。

1.5.3.2　4—5月降水量分析

表1.19为1961—2014年1—7月龙岩地区各县(区、市)候降水量分布。从1961—2014年的降水量数据来看,4月龙岩地区各县(区、市)候降水量在4.7～8.9 mm,4月全地区候降水量平均值为6.6 mm。5月龙岩地区各县(区、市)候降水量在5.8～10.4 mm,5月全地区候降水量平均值为8.3 mm。

表 1.19　1961—2014 年 1—7 月龙岩地区各县(区、市)候降水量分布　　单位:mm

月	候	长汀	连城	上杭	龙岩	武平	漳平	永定	平均值
1	1	1.8	1.8	1.4	1.2	1.1	1.3	1.4	1.4
1	2	1.4	1.6	1.5	1.4	1.2	1.1	1.3	1.4
1	3	2.2	2.4	1.7	1.6	1.8	1.7	1.6	1.8
1	4	1.4	1.6	1.4	1.3	1.3	1.2	1.2	1.3
1	5	2.5	2.6	2.1	2.2	2.3	2.3	2.2	2.3
1	6	2.7	2.7	1.7	1.8	2.1	2.3	2.1	2.1
2	1	2.7	2.7	1.8	1.9	2.3	2.3	2.4	2.2
2	2	3.1	3.4	2.8	3.1	2.9	2.6	2.5	2.9
2	3	3.1	3.1	2.9	2.8	2.7	2.4	2.5	2.8
2	4	4.8	5.3	4.0	4.2	4.2	3.9	4.3	4.3
2	5	4.2	4.3	3.3	3.2	3.1	3.3	3.6	3.5
2	6	5.3	5.3	4.8	4.8	4.8	4.5	4.7	4.8
3	1	5.3	5.4	4.1	3.8	3.9	4.1	3.2	4.1
3	2	5.4	5.2	5.1	4.7	4.9	4.7	4.3	4.8
3	3	5.4	5.7	3.9	3.6	3.8	3.7	3.3	4.0
3	4	7.5	7.7	6.7	6.5	6.9	6.0	5.1	6.5
3	5	7.3	8.0	5.7	6.0	5.6	5.6	5.6	6.1
3	6	6.9	6.6	6.3	6.2	5.7	5.3	5.6	5.9
4	1	8.4	8.3	6.9	6.8	6.6	6.6	7.3	7.1
4	2	8.9	8.3	8.9	8.0	6.5	6.2	7.3	7.6
4	3	7.6	8.1	7.6	7.1	5.9	5.4	6.2	6.7
4	4	7.4	6.8	6.1	6.1	5.5	5.2	6.0	6.0
4	5	7.5	8.1	8.1	7.3	5.7	5.5	6.1	6.8
4	6	7.2	6.0	5.5	5.4	5.0	4.7	5.5	5.3
5	1	8.9	9.5	8.7	8.3	9.8	9.2	7.7	8.9
5	2	8.5	8.7	7.8	7.6	5.8	6.0	7.4	7.2
5	3	8.6	8.1	8.6	7.8	6.7	6.6	6.3	7.3
5	4	9.7	9.8	10.4	9.7	8.3	8.9	9.7	9.5
5	5	8.2	8.8	9.3	7.7	6.8	7.2	8.1	8.0
5	6	9.9	10.3	9.8	8.5	8.3	8.0	9.8	9.1

月	候	长汀	连城	上杭	龙岩	武平	漳平	永定	平均值
6	1	10.2	10.7	11.9	10.4	8.8	9.8	10.7	10.4
6	2	9.0	8.5	10.6	10.5	7.9	7.8	9.2	9.0
6	3	11.3	9.9	10.2	9.5	9.4	10.5	10.0	9.9
6	4	11.6	10.6	9.9	9.9	9.3	9.9	10.7	10.0
6	5	9.7	8.0	8.3	7.5	6.4	6.4	7.2	7.3
6	6	5.6	4.9	7.4	6.0	4.1	4.7	5.9	5.5
7	1	3.4	3.5	4.5	4.1	3.1	3.7	3.5	3.7
7	2	3.9	3.3	4.1	3.4	3.4	3.5	4.9	3.8
7	3	4.5	4.1	5.9	4.6	4.7	4.6	5.4	4.9
7	4	4.0	3.6	5.5	4.8	4.0	4.2	5.3	4.6
7	5	3.7	3.0	4.2	4.1	4.0	3.6	4.0	3.8
7	6	5.6	4.9	6.5	6.1	6.0	6.0	7.7	6.2

1.5.3.3　6—7月降水量分析

从 1961—2014 年的降水量数据来看,6 月龙岩地区各县(区、市)候降水量在 4.1~11.9 mm,6 月全地区候降水量平均值为 8.7 mm。7 月龙岩地区各县(区、市)候降水量在 3.0~7.7 mm,7 月全地区候降水量平均值为 4.5 mm。

1.6　地温

土壤温度整体高于气温,烤烟生产中要求深栽,主要是充分利用土壤较高且较恒定的温度保障烟株早期生长,对调节烤烟生育期,提高中下部烟叶质量,彰显烟叶风格具有重要意义。本节中的地温是指 15 cm 的地下土壤温度,简称 15 cm 地温。

1.6.1　南平地区 15 cm 地温

1.6.1.1　1—3月 15 cm 地温分析

表 1.20 为 1961—2014 年 1—7 月南平地区各县(区、市)候 15 cm 地温分布。从 1961—2014 年的 15 cm 地温数据来看,1 月南平地区各县(区、市)候 15 cm 地温在 8.2~12.0 ℃,1 月全地区候 15 cm 地温平均值为 10.1 ℃。2 月南平地区各县(区、市)候 15 cm 地温在 9.2~13.6 ℃,2 月全地区候 15 cm 地温平均值为 11.7 ℃。3 月南平地区各县(区、市)候 15 cm 地温在 11.8~17.2 ℃,3 月全地区候 15 cm 地温平均值为 14.6 ℃。

表 1. 20　1961—2014 年 1—7 月南平地区各县(区、市)候 15 cm 地温分布　　单位:℃

月	候	光泽	邵武	武夷	浦城	建阳	松溪	建瓯	南平	顺昌	政和	平均值
1	1	8.8	10.2	10.7	9.4	10.0	9.4	11.8	12.0	10.9	10.2	10.4
1	2	8.3	9.9	10.6	9.2	10.0	9.4	11.6	11.8	10.6	10.1	10.2
1	3	8.5	9.8	10.3	8.9	9.9	9.4	11.5	11.8	11.0	10.2	10.1
1	4	8.2	9.3	10.1	8.9	10.0	9.4	11.2	11.5	10.8	10.5	10.0
1	5	8.3	9.4	9.8	8.7	10.0	9.3	11.2	11.4	10.8	10.3	9.9
1	6	8.8	9.5	10.5	9.3	10.4	9.7	11.0	11.1	10.8	10.8	10.2
2	1	9.2	9.6	10.7	9.5	10.9	10.7	11.4	11.6	11.7	11.5	10.7
2	2	10.0	10.6	11.1	10.1	11.4	10.9	12.1	12.4	12.4	10.8	11.2
2	3	9.9	11.0	11.6	10.6	11.8	11.0	12.6	12.8	12.2	11.8	11.5
2	4	9.6	11.1	11.9	10.8	11.9	11.5	12.9	13.2	12.3	12.0	11.7
2	5	11.4	11.6	12.7	11.5	12.4	12.0	13.3	13.5	13.3	12.8	12.4
2	6	11.7	12.1	12.5	11.2	12.2	12.0	13.5	13.6	13.5	13.2	12.5
3	1	11.8	12.4	13.1	11.9	13.1	12.9	14.0	14.1	14.1	13.2	13.1
3	2	11.9	12.9	13.5	12.6	13.7	13.3	14.2	14.4	13.7	13.5	13.3
3	3	13.0	13.7	14.5	13.8	15.1	14.5	15.2	15.4	15.0	14.8	14.5
3	4	14.6	14.5	15.0	14.1	15.9	15.7	16.0	16.1	16.4	16.2	15.7
3	5	14.7	14.6	15.5	14.4	15.8	15.4	16.2	16.4	17.2	16.3	15.7
3	6	15.0	15.1	15.5	14.3	15.1	15.0	16.4	16.5	16.5	15.6	15.5
4	1	15.8	16.2	17.5	16.5	17.5	17.5	17.7	17.7	18.1	17.5	17.2
4	2	17.2	17.3	18.4	17.5	18.6	18.3	18.6	18.7	18.9	18.6	18.2
4	3	18.1	18.1	19.1	18.1	19.2	19.1	19.1	19.3	19.7	19.2	18.9
4	4	19.0	19.3	20.5	19.6	20.5	20.5	20.4	20.5	20.8	20.2	20.1
4	5	19.9	20.2	20.8	20.2	21.2	20.9	21.4	21.4	21.7	20.5	20.8
4	6	20.6	20.9	19.9	19.2	19.9	19.7	22.4	22.0	22.1	19.4	20.6
5	1	21.6	21.6	22.5	21.8	22.2	21.9	22.7	22.7	22.8	22.1	22.2
5	2	22.1	22.2	23.2	22.6	23.5	23.3	23.4	23.3	23.7	23.1	23.0
5	3	22.6	22.9	23.6	23.0	23.7	23.4	24.2	24.1	24.5	23.3	23.5
5	4	23.2	23.3	24.3	23.6	24.4	24.1	24.3	24.2	24.7	23.8	24.0
5	5	23.9	24.0	24.7	24.1	25.0	24.7	25.0	24.8	25.6	24.4	24.6
5	6	24.2	24.2	24.2	23.7	24.6	24.2	25.4	25.2	25.8	23.9	24.5
6	1	24.4	24.9	25.8	25.2	25.8	25.0	26.0	25.8	25.9	24.6	25.3
6	2	25.4	25.5	26.3	25.8	26.4	25.8	26.6	26.5	26.7	25.7	26.1

续表

月	候	光泽	邵武	武夷	浦城	建阳	松溪	建瓯	南平	顺昌	政和	平均值
6	3	25.6	25.6	26.3	26.0	26.6	26.0	26.5	26.4	26.5	26.2	26.2
6	4	26.9	26.3	26.9	26.7	27.6	27.4	27.1	27.0	27.5	27.3	27.1
6	5	27.7	27.0	27.6	27.3	28.1	28.2	27.8	27.9	28.4	28.1	27.8
6	6	27.8	27.7	27.0	26.7	27.5	27.4	28.7	28.7	29.0	26.8	27.7
7	1	29.4	28.3	29.8	29.3	30.4	30.8	29.6	29.8	30.4	30.4	29.8
7	2	30.1	29.2	30.2	30.0	31.3	31.3	30.5	30.6	31.4	31.1	30.6
7	3	29.9	29.6	30.4	30.4	31.4	31.0	31.0	30.9	31.6	30.4	30.7
7	4	29.6	29.7	30.7	30.5	31.4	31.0	31.0	30.9	31.1	30.1	30.6
7	5	30.7	29.9	31.1	30.8	31.4	31.3	31.4	31.4	31.9	30.5	31.0
7	6	30.4	29.8	30.5	30.2	30.7	30.8	31.0	30.8	31.4	30.2	30.6

1.6.1.2　4—5 月 15 cm 地温分析

从 1961—2014 年的 15 cm 地温数据来看,4 月南平地区各县(区、市)候 15 cm 地温在 15.8～22.1 ℃,4 月全地区候 15 cm 地温平均值为 19.3 ℃。5 月南平地区各县(区、市)候 15 cm 地温在 21.6～25.8 ℃,5 月全地区候 15 cm 地温平均值为 23.6 ℃。

1.6.1.3　6—7 月 15 cm 地温分析

从 1961—2014 年的 15 cm 地温数据来看,6 月南平地区各县(区、市)候 15 cm 地温在 24.4～29.0 ℃,6 月全地区候 15 cm 地温平均值为 26.7 ℃。7 月南平地区各县(区、市)候 15 cm 地温在 28.3～31.9 ℃,7 月全地区候 15 cm 地温平均值为 30.6 ℃。

1.6.2　三明地区 15 cm 地温影响分析

1.6.2.1　1—3 月 15 cm 地温分析

表 1.21 为 1961—2014 年 1—7 月三明地区各县(区、市)候 15 cm 地温分布。从 1961—2014 年的 15 cm 地温数据来看,1 月三明地区各县(区、市)候 15 cm 地温在 7.5～12.7 ℃,1 月全地区候 15 cm 地温平均值为 10.9 ℃。2 月三明地区各县(区、市)候 15 cm 地温在 9.3～15.0 ℃,2 月全地区候 15 cm 地温平均值为 12.6 ℃。3 月三明地区各县(区、市)候 15 cm 地温在 11.3～18.1 ℃,3 月全地区候 15 cm 地温平均值为 15.3 ℃。

1.6.2.2　4—5 月 15 cm 地温分析

从 1961—2014 年的 15 cm 地温数据来看,4 月三明地区各县(区、市)候 15 cm 地温在 16.0～22.7 ℃,4 月全地区候 15 cm 地温平均值为 19.8 ℃。5 月三明地区各县(区、市)候 15 cm 地温在 21.5～26.2 ℃,5 月全地区候 15 cm 地温平均值为 23.9 ℃。

1.6.2.3　6—7 月 15 cm 地温分析

从 1961—2014 年的 15 cm 地温数据来看,6 月三明地区各县(区、市)候 15 cm 地温在 24.3～29.9 ℃,6 月全地区候 15 cm 地温平均值为 26.9 ℃。7 月三明地区各县(区、市)候 15 cm 地温在 28.2～32.3 ℃,7 月全地区候 15 cm 地温平均值为 30.4 ℃。

表 1.21　1961—2014 年 1—7 月三明地区各县(区、市)候 15 cm 地温分布　　单位:℃

月	候	宁化	清流	泰宁	将乐	建宁	明溪	沙县	三明	尤溪	永安	大田	平均值
1	1	10.3	10.2	10.1	11.9	8.7	11.5	11.9	12.4	12.0	12.1	12.3	11.2
1	2	9.8	9.3	9.7	11.2	7.5	11.1	11.9	12.2	11.9	11.6	12.5	10.8
1	3	9.8	9.5	9.5	11.5	7.9	11.3	12.2	12.1	11.8	11.7	12.6	10.9
1	4	9.5	9.8	9.3	11.8	8.3	11.1	11.9	11.8	11.5	12.0	12.3	10.8
1	5	9.2	9.8	9.1	11.7	7.9	11.2	12.0	11.8	11.5	12.0	12.6	10.8
1	6	9.4	10.0	9.1	11.8	8.3	11.4	12.0	11.7	11.8	12.0	12.7	10.9
2	1	9.8	10.7	9.4	12.4	8.9	12.0	12.5	12.2	12.2	12.7	13.1	11.5
2	2	10.7	11.1	10.3	12.8	9.5	12.8	13.7	13.0	13.1	13.2	14.1	12.2
2	3	10.9	10.6	11.0	12.5	9.4	12.4	13.4	13.0	13.4	12.7	13.9	12.2
2	4	10.8	11.0	11.1	12.7	9.6	12.5	13.5	13.7	13.2	13.0	14.2	12.3
2	5	11.8	13.1	11.8	14.2	11.8	14.2	14.5	13.4	14.4	14.4	14.8	13.6
2	6	11.6	13.1	12.0	14.6	11.7	14.3	14.6	14.5	14.1	14.6	15.0	13.7
3	1	11.8	12.8	12.1	14.5	11.4	13.9	15.3	14.7	14.4	14.7	15.8	13.8
3	2	12.6	12.4	12.6	14.0	11.3	13.9	14.6	15.0	14.7	13.8	14.9	13.6
3	3	14.1	13.8	13.9	15.2	13.1	14.9	16.0	16.1	16.4	15.1	16.4	15.0
3	4	14.5	15.6	14.6	16.7	14.9	16.4	17.3	16.9	16.8	16.5	17.6	16.1
3	5	14.8	16.4	14.7	17.8	15.7	17.0	17.0	17.0	17.1	17.5	18.1	16.7
3	6	14.8	15.7	15.0	17.0	15.1	16.5	17.1	17.3	17.1	16.6	17.2	16.3
4	1	16.0	17.0	16.4	18.1	16.6	17.8	18.8	18.2	17.9	17.8	19.0	17.6
4	2	17.4	17.9	17.6	19.0	17.6	18.7	19.6	19.4	19.2	18.6	19.8	18.6
4	3	18.1	19.0	18.1	20.1	18.4	19.6	20.5	20.0	19.9	19.8	20.6	19.5
4	4	19.2	19.5	19.2	20.9	19.3	20.3	21.4	21.1	20.9	20.4	21.4	20.3
4	5	20.0	20.1	20.3	21.4	19.9	21.2	22.4	22.1	21.5	20.9	22.5	21.1
4	6	20.9	20.6	20.9	21.8	20.5	21.6	22.7	22.7	22.6	21.6	22.7	21.7
5	1	21.5	21.7	21.6	22.9	21.7	22.6	23.4	23.4	22.9	22.5	23.4	22.5

月	候	宁化	清流	泰宁	将乐	建宁	明溪	沙县	三明	尤溪	永安	大田	平均值
5	2	22.2	22.3	22.1	23.5	22.4	23.0	24.3	23.8	23.4	23.0	24.2	23.1
5	3	23.2	22.8	23.0	24.3	22.9	23.9	24.9	24.8	24.5	23.8	24.9	23.9
5	4	23.2	23.1	23.2	24.4	23.3	24.1	25.1	24.5	24.2	24.0	25.1	24.0
5	5	23.7	24.2	23.7	25.3	24.4	24.8	26.2	25.0	24.8	24.6	25.9	24.8
5	6	24.0	24.3	24.2	25.3	24.4	24.9	26.1	25.4	25.0	24.8	26.0	24.9
6	1	24.7	24.4	24.8	25.5	24.3	25.2	26.4	26.2	25.8	25.0	26.3	25.3
6	2	25.4	25.2	25.5	26.4	25.5	25.9	27.1	26.7	26.5	26.1	27.1	26.1
6	3	25.8	25.5	25.7	26.7	25.7	26.3	26.9	26.8	26.7	26.1	27.1	26.3
6	4	26.5	26.5	26.4	27.8	26.8	27.4	27.9	27.5	27.3	27.1	28.2	27.2
6	5	27.3	27.3	27.0	28.7	27.7	28.7	29.0	28.3	28.0	28.5	29.3	28.2
6	6	27.5	27.6	27.6	29.0	28.3	28.7	29.3	28.8	28.4	28.6	29.9	28.5
7	1	28.2	28.3	28.2	30.5	29.5	29.9	30.8	30.1	29.8	30.1	31.5	29.7
7	2	29.2	28.8	29.2	31.4	30.6	30.6	31.6	30.7	30.5	30.8	32.2	30.5
7	3	29.3	28.9	29.7	31.7	30.5	31.9	30.9	30.9	30.4	30.5	32.2	30.7
7	4	29.5	28.5	29.8	30.9	29.9	30.1	31.1	30.8	30.1	29.9	31.4	30.2
7	5	29.7	28.7	29.9	31.8	30.6	31.0	31.9	31.2	30.2	30.3	32.3	30.7
7	6	29.3	28.8	29.7	31.8	30.4	30.8	31.3	30.7	29.5	29.9	31.5	30.3

1.6.3　龙岩地区 15 cm 地温

1.6.3.1　1—3 月 15 cm 地温分析

　　表 1.22 为 1961—2014 年 1—7 月龙岩地区各县(区、市)候 15 cm 地温分布。从 1961—2014 年的 15 cm 地温数据来看,1 月龙岩地区各县(区、市)候 15 cm 地温在 10.8～14.8 ℃,1 月全地区候 15 cm 地温平均值为 13.0 ℃。2 月龙岩地区各县(区、市)候 15 cm 地温在 11.2～16.5 ℃,2 月全地区候 15 cm 地温平均值为 14.5 ℃。3 月龙岩地区各县(区、市)候 15 cm 地温在 13.6～19.0 ℃,3 月全地区候 15 cm 地温平均值为 16.8 ℃。

表 1.22　1961—2014 年 1—7 月龙岩地区各县(区、市)候 15 cm 地温分布　　单位:℃

月	候	长汀	连城	上杭	龙岩	武平	漳平	永定	平均值
1	1	11.0	11.4	13.5	14.1	11.1	14.8	13.1	13.0
1	2	11.1	11.6	13.5	14.3	10.8	14.8	13.0	13.0
1	3	10.8	11.5	13.3	13.9	11.1	14.7	13.4	13.0
1	4	10.9	11.5	13.1	14.1	11.4	14.5	13.2	13.0

月	候	长汀	连城	上杭	龙岩	武平	漳平	永定	平均值
1	5	10.9	11.5	12.8	14.2	11.3	14.6	13.5	13.0
1	6	11.0	11.7	13.3	14.4	11.7	14.4	13.6	13.2
2	1	11.2	12.8	13.5	14.8	12.7	14.9	14.1	13.8
2	2	11.8	12.8	14.0	15.1	12.5	15.3	14.9	14.1
2	3	12.5	12.8	14.7	15.3	12.8	15.8	14.7	14.3
2	4	12.7	13.2	14.7	15.4	13.1	16.1	15.0	14.6
2	5	12.9	14.0	15.2	16.0	14.7	16.4	15.6	15.3
2	6	12.7	13.8	14.7	15.3	13.7	16.5	15.6	14.9
3	1	13.6	14.5	15.4	15.7	14.0	16.6	16.2	15.4
3	2	14.2	14.4	16.1	16.3	14.4	16.8	15.8	15.6
3	3	15.1	15.6	17.2	17.5	15.7	17.7	16.7	16.7
3	4	15.7	17.0	17.5	18.0	17.5	18.4	17.9	17.7
3	5	15.7	16.8	17.5	17.8	17.0	18.7	18.7	17.7
3	6	15.8	16.2	17.2	17.4	16.4	19.0	17.8	17.4
4	1	17.5	18.3	19.3	18.9	18.5	19.7	19.4	19.0
4	2	18.7	19.4	20.3	19.9	19.8	20.4	20.2	20.0
4	3	19.4	20.1	20.8	20.5	20.2	21.1	21.2	20.7
4	4	20.6	21.0	22.0	21.4	21.0	22.1	21.6	21.5
4	5	21.2	21.6	22.5	22.1	21.3	22.8	22.5	22.1
4	6	19.9	20.3	21.5	21.2	20.1	23.5	22.8	21.6
5	1	22.3	22.3	23.6	23.0	22.5	24.1	23.4	23.1
5	2	23.1	23.4	24.5	24.2	23.4	24.4	24.0	24.0
5	3	23.5	23.9	25.1	24.6	23.7	25.3	24.8	24.6
5	4	23.9	24.5	25.3	24.7	24.2	25.2	25.5	24.9
5	5	24.5	25.1	25.8	25.2	24.9	25.7	26.1	25.5
5	6	24.4	24.7	25.6	24.8	24.5	26.0	26.0	25.3
6	1	25.4	25.5	26.9	26.0	25.4	26.8	26.1	26.1
6	2	25.8	26.2	27.1	26.7	26.2	27.2	26.6	26.6
6	3	26.1	26.2	27.4	27.2	26.6	27.4	26.9	27.0
6	4	26.8	27.4	28.1	27.9	27.6	27.8	27.6	27.7
6	5	27.2	28.0	28.4	28.2	27.8	28.6	28.4	28.2
6	6	26.8	27.3	27.9	27.2	27.0	28.9	28.7	27.8

月	候	长汀	连城	上杭	龙岩	武平	漳平	永定	平均值
7	1	28.3	29.8	29.9	29.5	28.7	29.9	28.8	29.4
7	2	28.7	30.5	30.4	30.2	29.4	30.4	29.7	30.1
7	3	28.9	30.1	30.5	30.3	29.4	30.4	30.2	30.2
7	4	29.0	30.0	30.5	30.0	29.0	30.4	29.7	29.9
7	5	28.9	30.2	30.7	29.9	29.1	30.7	29.8	30.1
7	6	28.6	29.6	30.2	29.2	28.6	30.2	29.3	29.5

1.6.3.2　4—5 月 15 cm 地温分析

从 1961—2014 年的 15 cm 地温数据来看,4 月龙岩地区各县(区、市)候 15 cm 地温在 17.5~23.5 ℃,4 月全地区候 15 cm 地温平均值为 20.8 ℃。5 月龙岩地区各县(区、市)候 15 cm 地温在 22.3~26.1 ℃,5 月全地区候 15 cm 地温平均值为 24.6 ℃。

1.6.3.3　6—7 月 15 cm 地温分析

从 1961—2014 年的 15 cm 地温数据来看,6 月龙岩地区各县(区、市)候 15 cm 地温在 25.4~28.9 ℃,6 月全地区候 15 cm 地温平均值为 27.3 ℃。7 月龙岩地区各县(区、市)候 15 cm 地温在 28.3~30.7 ℃,7 月全地区候 15 cm 地温平均值为 29.9 ℃。

第 2 章

典型清香型烟叶产烟县气象基础研究

2.1 数据与方法

2.1.1 气象数据

本章使用的气象数据来自福建省气象局 2005—2014 年 1—7 月永定自动气象站数据。使用的数学统计方法是多年平均值、极值①的计算,候气候数据值是指 5 d 内的平均值。永定区分析数据使用 1961—2014 年常规观测站资料。

2.1.2 生育期数据

根据福建省烟草专卖局烟草科学研究所的统计数据,永定区云烟 87 生育期划分如表 2.1 所示。

表 2.1 永定区云烟 87 生育期划分

移栽期	伸根期	旺长期	成熟期
1 月 25—31 日	2 月 1 日—3 月 10 日	3 月 11 日—4 月 5 日	4 月 6 日—6 月 5 日

2.2 结果与分析

2.2.1 永定区气候特征

2.2.1.1 气温

图 2.1 为 1961—2014 年 1—7 月永定区日平均气温变化特征分布。可以看出,1—7 月日平均气温随时间呈增加趋势,气候倾向率是 0.984 ℃/10d,通过信度水平 0.01 的显著性检验。1961—2014 年永定区日平均气温平均值是 19.81 ℃,最大值是 27.97 ℃,出现在 7 月 21 日;最小值是 10.10 ℃,出现在 1 月 16 日。

图 2.2 为 1961—2014 年 1—7 月永定区日最高气温变化特征分布。可以看出,1—7 月日最高气温随时间呈增加趋势,气候倾向率是 0.933 ℃/10d,通过信度水平

---

① 这里的极值指极端最高气温和极端最低气温,为描述简略,将极端最高气温简写为最高气温,将极端最低气温简写为最低气温,后面章节同理。

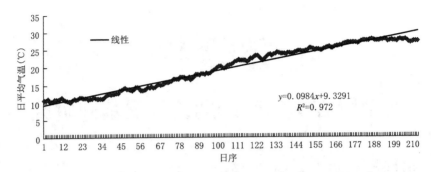

图 2.1　1961—2014 年 1—7 月永定区日平均气温变化特征分布

（注：序号是指从 1 月 1 日到 7 月 31 日逐日排序，下同）

0.01 的显著性检验。1961—2014 年永定区日最高气温平均值是 25.43 ℃，最大值是 34.10 ℃，出现在 7 月 24 日；最小值是 16.38 ℃，出现在 1 月 26 日。

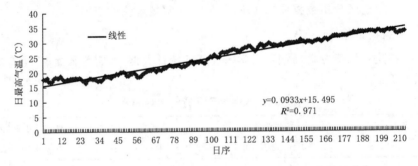

图 2.2　1961—2014 年 1—7 月永定区日最高气温变化特征分布

　　图 2.3 为 1961—2014 年 1—7 月永定区日最低气温变化特征分布。可以看出，1—7 月日最低气温随时间呈增加趋势，气候倾向率是 0.998 ℃/10d，通过信度水平 0.01 的显著性检验。1961—2014 年永定区日最低气温平均值是 15.97 ℃，最大值是 23.70 ℃，出现在 7 月 12 日；最小值是 5.42 ℃，出现在 1 月 16 日。

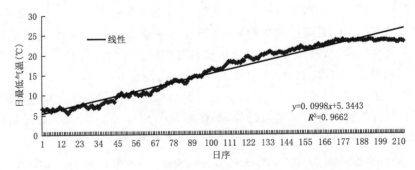

图 2.3　1961—2014 年 1—7 月永定区日最低气温变化特征分布

2.2.1.2　降水量

图 2.4 为 1961—2014 年 1—7 月永定区日平均降水量变化特征分布。可以看出,1—7 月日平均降水量随时间呈增加趋势,气候倾向率是 0.295 mm/10d,通过信度水平 0.05 的显著性检验。1961—2014 年永定区日平均降水量平均值是 5.46 mm,最大值是 13.83 mm,出现在 6 月 18 日;最小值是 0.17 mm,出现在 1 月 9 日。

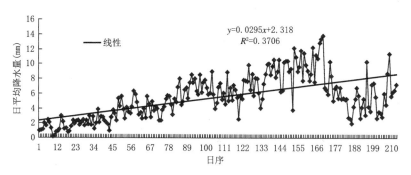

图 2.4　1961—2014 年 1—7 月永定区日平均降水量变化特征分布

2.2.1.3　有效积温

(1)≥0 ℃有效积温

图 2.5 为 1961—2014 年 1—7 月永定区日平均≥0 ℃有效积温变化特征分布。可以看出,1—7 月日平均气温≥0 ℃有效积温随时间呈增加趋势,气候倾向率是 0.984 ℃/10d,通过信度水平 0.01 的显著性检验。1961—2014 年永定区日平均气温 ≥0 ℃有效积温平均值是 19.81 ℃·d,最大值是 27.97 ℃·d,出现在 7 月 21 日;最小值是 10.10 ℃·d,出现在 1 月 16 日。

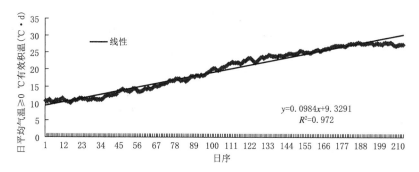

图 2.5　1961—2014 年 1—7 月永定区日平均气温≥0 ℃有效积温变化特征分布

(2)≥5 ℃有效积温

图 2.6 为 1961—2014 年 1—7 月永定区日平均气温≥5 ℃有效积温变化特征分

布。可以看出,1—7月日平均气温≥5 ℃有效积温随时间呈增加趋势,气候倾向率是 0.984 ℃/10d,通过信度水平 0.01 的显著性检验。1961—2014 年永定区日平均气温≥5 ℃有效积温平均值是 14.81 ℃·d,最大值是 22.97 ℃·d,出现在 7 月 21日;最小值是 5.10 ℃·d,出现在 1 月 16 日。

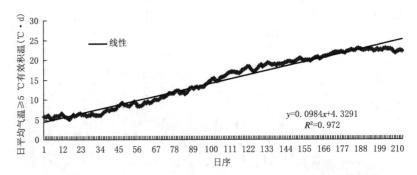

图 2.6　1961—2014 年 1—7 月永定区日平均气温≥5 ℃有效积温变化特征分布

(3)≥10 ℃有效积温

图 2.7 为 1961—2014 年 1—7 月永定区日平均气温≥10 ℃有效积温变化特征分布。可以看出,1—7月日平均气温≥10 ℃有效积温随时间呈增加趋势,气候倾向率是 0.984 ℃/10d,通过信度水平 0.01 的显著性检验。1961—2014 年永定区日平均气温≥10 ℃有效积温平均值是 9.81 ℃·d,最大值是 17.97 ℃·d,出现在 7 月 21日;最小值是 0.10 ℃·d,出现在 1 月 16 日。

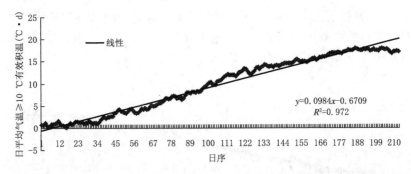

图 2.7　1961—2014 年 1—7 月永定区日平均气温≥10 ℃有效积温变化特征分布

2.2.1.4　有效地积温(15 cm)

(1)≥0 ℃有效地积温

图 2.8 为 1961—2014 年 1—7 月永定区日平均气温≥0 ℃有效地积温变化特征分布。可以看出,1—7 月日平均气温≥0 ℃有效地积温随时间呈增加趋势,气候倾向率是 0.958 ℃/10d,通过信度水平 0.01 的显著性检验。1961—2014 年永定区日

平均气温≥0 ℃有效地积温平均值是 21.30 ℃·d,最大值是 30.46 ℃·d,出现在 7
月 12 日;最小值是 12.86 ℃·d,出现在 1 月 2 日。

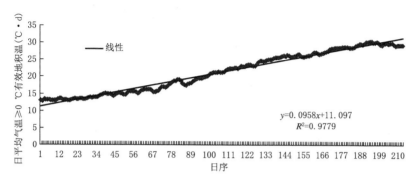

图 2.8 1961—2014 年 1—7 月永定区日平均气温≥0 ℃有效地积温变化特征分布

（2）≥5 ℃有效地积温

图 2.9 为 1961—2014 年 1—7 月永定区日平均气温≥5 ℃有效地积温变化特征
分布图。可以看出,1—7 月日平均气温≥5 ℃有效地积温随时间呈增加趋势,气候
倾向率是 0.958 ℃/10d,通过信度水平 0.01 的显著性检验。1961—2014 年永定区
日平均气温≥5 ℃有效地积温平均值是 16.30 ℃·d,最大值是 25.46 ℃·d,出现在
7 月 12 日;最小值是 7.86 ℃·d,出现在 1 月 2 日。

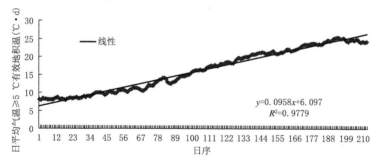

图 2.9 1961—2014 年 1—7 月永定区日平均气温≥5 ℃有效地积温变化特征分布

（3）≥10 ℃有效地积温

图 2.10 为 1961—2014 年 1—7 月永定区日平均气温≥10 ℃有效地积温变化特
征分布。可以看出,1—7 月日平均气温≥10 ℃有效地积温随时间呈增加趋势,气候
倾向率是 0.958 ℃/10d,通过信度水平 0.01 的显著性检验。1961—2014 年永定区
日平均气温≥10 ℃有效地积温平均值是 11.30 ℃·d,最大值是 20.46 ℃·d,出现
在 7 月 12 日;最小值是 2.86 ℃·d,出现在 1 月 2 日。

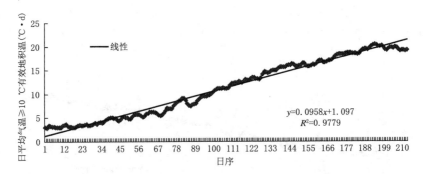

图 2.10　1961—2014 年 1—7 月永定区日平均气温≥10 ℃有效地积温变化特征分布

2.2.1.5　日照

图 2.11 为 1961—2014 年 1—7 月永定区日平均日照时数变化特征分布。可以看出,1—7 月日平均日照时数随时间呈增加趋势,气候倾向率是 0.145 h/10d,通过信度水平 0.05 的显著性检验。1961—2014 年永定区日平均日照时数平均值是 4.40 h,最大值是 8.27 h,出现在 7 月 15 日;最小值是 2.26 h,出现在 4 月 6 日。

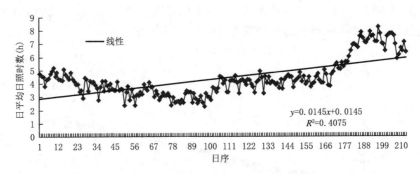

图 2.11　1961—2014 年 1—7 月永定区日平均日照时数变化特征分布

2.2.2　永定区烤烟生育期内气候特征

根据永定区烤烟生育期的情况,从平均气温、最高气温、最低气温、降水量、有效积温等方面分析了整个生育期中移栽期、伸根期、旺长期和成熟期 4 个不同阶段的气候特征,目的是为烤烟生产提供依据。

2.2.2.1　平均气温

表 2.2 为永定区不同乡(镇)春烟各个生育期平均气温分布。移栽期平均气温的平均值是 11.1 ℃,最小值是在峰市和洪山,为 10.0 ℃,最大值是在下洋,为 11.9 ℃;伸根期平均气温的平均值为 14.9 ℃,最小值是在湖山,为 14.0 ℃,最大值是在下洋,为 15.6 ℃;旺长期平均气温的平均值是 18.9 ℃,最小值是在湖山,为18.0 ℃,最大

值是在下洋,为 20.7 ℃;成熟期平均气温的平均值是 23.5 ℃,最小值是在高头和湖
山,为22.3 ℃,最大值是在下洋,为 25.7 ℃。

表 2.2　永定区不同乡(镇)春烟各个生育期平均气温分布　　　　　　　　单位:℃

乡(镇)	移栽期	伸根期	旺长期	成熟期
陈东	11.8	15.3	18.7	23.1
大溪	11.5	14.9	18.8	23.3
峰市	10.0	14.3	19.2	24.5
抚市	11.7	15.2	18.9	23.6
高陂	11.3	15.4	18.9	23.6
高头	11.5	14.7	18.3	22.3
古竹	11.0	14.9	18.6	22.7
合溪	10.2	14.2	18.8	23.8
洪山	10.0	14.3	19.1	24.1
湖坑	11.6	15.1	19.2	23.1
湖雷	11.7	15.2	19.4	24.2
湖山	10.7	14.0	18.0	22.3
虎岗	10.3	15.0	18.5	23.0
金砂	10.7	14.5	18.9	23.6
坎市	11.7	15.4	19.3	24.2
龙潭	11.5	15.1	19.1	22.9
培丰	11.0	15.2	18.8	23.7
岐岭	11.8	15.2	18.9	23.4
堂堡	10.6	14.9	18.6	23.1
西溪	10.7	14.8	18.7	23.3
下洋	11.9	15.6	20.7	25.7
平均	11.1	14.9	18.9	23.5

2.2.2.2　最高气温

表 2.3 为永定区不同乡(镇)春烟各个生育期最高气温分布。移栽期最高气温的
平均值是 17.5 ℃,最小值是在湖山,为 15.4 ℃,最大值是在龙潭,为19.1 ℃;伸根期
最高气温的平均值为 18.9 ℃,最小值是在湖山,为 17.5 ℃,最大值是在下洋,为
20.4 ℃;旺长期最高气温的平均值是 24.4 ℃,最小值是在湖山,为22.4 ℃,最大值
是在下洋,为 27.1 ℃;成熟期最高气温的平均值是 28.8 ℃,最小值是在高头,为
27.0 ℃,最大值是在下洋,为 31.1 ℃。

表 2.3　永定区不同乡(镇)春烟各个生育期的最高气温分布　　　　　单位:℃

乡(镇)	移栽期	伸根期	旺长期	成熟期
陈东	18.0	19.1	24.0	28.4
大溪	17.8	18.8	24.3	28.9
峰市	16.9	19.0	25.0	29.6
抚市	17.8	19.1	24.3	28.7
高陂	18.1	19.4	24.6	28.7
高头	17.4	17.7	22.7	27.0
古竹	18.1	18.1	22.9	27.4
合溪	16.0	18.6	24.6	29.4
洪山	16.4	18.6	24.7	29.4
湖坑	17.5	18.5	23.9	28.3
湖雷	18.2	19.8	25.5	30.2
湖山	15.4	17.5	22.4	27.1
虎岗	16.7	18.2	23.5	27.7
金砂	16.8	18.9	24.7	29.4
坎市	18.4	19.5	24.9	29.1
龙潭	19.1	19.4	25.2	29.4
培丰	18.0	19.2	24.5	28.8
岐岭	18.4	19.3	24.7	29.1
堂堡	17.2	18.7	24.1	28.5
西溪	16.6	18.7	24.3	29.0
下洋	18.5	20.4	27.1	31.1
平均	17.5	18.9	24.4	28.8

2.2.2.3　最低气温

表 2.4 为永定区不同乡(镇)春烟各个生育期最低气温分布。移栽期平均气温的平均值是 7.0 ℃,最小值是在峰市,为 5.5 ℃,最大值是在高头,为 8.4 ℃;伸根期平均气温的平均值为 10.1 ℃,最小值是在湖山和合溪,为 9.1 ℃,最大值是在高陂,为 11.1 ℃;旺长期平均气温的平均值是 15.3 ℃,最小值是在湖山,为 14.1 ℃,最大值是在下洋,为 18.1 ℃;成熟期平均气温的平均值是 21.3 ℃,最小值是在湖山,为 20.3 ℃,最大值是在下洋,为 25.1 ℃。

表 2.4　永定区不同乡(镇)春烟各个生育期的最低气温分布　　　　单位:℃

乡(镇)	移栽期	伸根期	旺长期	成熟期
陈东	7.6	10.6	14.7	21.0
大溪	7.4	10.2	15.1	21.3
峰市	5.5	9.3	15.7	21.9
抚市	7.6	10.4	15.1	21.3
高陂	7.0	11.1	15.1	21.6
高头	8.4	10.1	14.6	20.4
古竹	6.9	10.0	15.1	20.8
合溪	5.9	9.1	14.9	21.3
洪山	5.9	9.6	15.9	21.6
湖坑	7.7	10.6	15.9	20.9
湖雷	7.6	10.0	15.5	21.4
湖山	6.4	9.1	14.1	20.3
虎岗	5.6	10.1	14.6	21.0
金砂	6.5	9.5	15.1	21.3
坎市	7.8	10.5	15.4	21.8
龙潭	7.2	10.2	15.3	20.7
培丰	6.6	10.4	15.0	21.3
岐岭	7.7	10.2	16.1	21.1
堂堡	6.1	10.0	14.9	20.8
西溪	6.5	9.9	15.0	21.2
下洋	8.0	10.6	18.1	25.1
平均	7.0	10.3	15.3	21.3

2.2.2.4　降水量

表 2.5 为永定区不同乡(镇)春烟各个生育期降水量分布。移栽期降水量的平均值是 10.4 mm,最小值是在龙潭和西溪,为 9.3 mm,最大值是在合溪和虎岗,为 11.5 mm;伸根期降水量的平均值为 105.7 mm,最小值是在古竹,为 53.0 mm,最大值是在合溪,为 137.6 mm;旺长期降水量的平均值是 204.4 mm,为 184.1 mm,最大值是在下洋,为 213.9 mm;成熟期降水量的平均值是527.8 mm,最小值是在大溪,为 383.3 mm,最大值是在抚市,为 824.6 mm。

表 2.5　永定区不同乡(镇)春烟各个生育期降水量分布　　　　　单位:mm

乡(镇)	移栽期	伸根期	旺长期	成熟期
陈东	10.1	108.9	202.4	529.4
大溪	10.5	83.7	200.2	383.3
峰市	10.9	76.2	202.0	545.2
抚市	9.4	112.3	208.7	824.6
高陂	11.3	132.3	203.4	562.6
高头	10.9	98.4	204.8	386.1
古竹	9.7	53.0	184.1	510.3
合溪	11.5	137.6	207.8	611.0
洪山	9.8	100.9	209.5	532.5
湖坑	10.8	110.2	206.2	442.0
湖雷	9.4	106.6	207.1	591.2
湖山	9.5	91.7	210.2	646.8
虎岗	11.5	126.2	196.3	477.8
金砂	9.8	99.6	203.7	600.1
坎市	11.2	111.4	206.5	502.0
龙潭	9.3	118.1	201.7	473.9
培丰	10.6	114.8	205.7	447.2
岐岭	10.3	116.8	205.5	484.3
堂堡	10.2	134.2	210.0	471.2
西溪	9.3	99.6	202.0	551.1
下洋	11.4	87.5	213.9	511.4
平均	10.4	105.7	204.4	527.8

2.2.2.5　有效积温

有效积温计算≥0 ℃、≥5 ℃、≥8 ℃和≥10 ℃,分析结果如下:

表 2.6 为永定区不同乡(镇)春烟各个生育期有效积温分布。在≥0 ℃有效积温中,移栽期有效积温的平均值是 55.5 ℃·d,最小值是在洪山,为 49.9 ℃·d,最大值是在下洋,为 59.7 ℃·d;伸根期有效积温的平均值为 596.3 ℃·d,最小值是在湖山,为 559.5 ℃·d,最大值是在下洋,为 623.2 ℃·d;旺长期有效积温的平均值是 473.2 ℃·d,最小值是在湖山,为 450.8 ℃·d,最大值是在下洋,为 517.2 ℃·d;成熟期有效积温的平均值是 1410.4 ℃·d,最小值是在高头,为 1338.2 ℃·d,最大值是在下洋,为 1544.9 ℃·d。

在≥5 ℃有效积温中,移栽期有效积温的平均值是 30.5 ℃·d,最小值是在洪山,为 24.9 ℃·d,最大值是在下洋,为 34.7 ℃·d;伸根期有效积温的平均值为 396.3 ℃·d,最小值是在湖山,为 359.5 ℃·d,最大值是在下洋,为 423.2 ℃·d;旺长期有效积温的平均值是 348.2 ℃·d,最小值是在湖山,为 325.8 ℃·d,最大值是在下洋,为 392.7 ℃·d;成熟期有效积温的平均值是 1110.4 ℃·d,最小值是在高头,为 1038.2 ℃,最大值是在下洋,为 1244.9 ℃。

在≥8 ℃有效积温中,移栽期有效积温的平均值是 15.5 ℃·d,最小值是在洪山,为 9.9 ℃·d,最大值是在下洋,为 19.7 ℃·d;伸根期有效积温的平均值为 276.3 ℃·d,最小值是在湖山,为 239.5 ℃·d,最大值是在下洋,为 303.2 ℃·d;旺长期有效积温的平均值是 273.2 ℃·d,最小值是在湖山,为 250.8 ℃·d,最大值是在下洋,为 317.7 ℃·d;成熟期有效积温的平均值是 930.4 ℃·d,最小值是在高头,为 858.2 ℃·d,最大值是在下洋,为 1064.9 ℃·d。

在≥10 ℃有效积温中,移栽期有效积温的平均值是 5.5 ℃·d,最小值是在洪山,为 0 ℃·d,最大值是在下洋,为 9.7 ℃·d;伸根期有效积温的平均值为 196.3 ℃·d,最小值是在湖山,为 159.5 ℃·d,最大值是在下洋,为 223.2 ℃·d;旺长期有效积温的平均值是 223.2 ℃·d,最小值是在湖山,为 200.8 ℃·d,最大值是在下洋,为 267.7 ℃·d;成熟期有效积温的平均值是 810.4 ℃·d,最小值是在高头,为 738.2 ℃·d,最大值是在下洋,为 944.9 ℃·d。

表 2.6　永定区不同乡(镇)春烟各个生育期有效积温分布　　　　单位:℃·d

	乡(镇)	移栽期	伸根期	旺长期	成熟期
≥0 ℃有效积温	陈东	59.1	610.0	468.2	1386.0
	大溪	57.4	595.7	469.5	1396.8
	峰市	50.2	573.4	479.6	1469.4
	抚市	58.3	606.6	471.8	1416.1
	高陂	56.5	615.3	472.4	1416.8
	高头	57.4	587.5	458.7	1338.2
	古竹	55.0	595.0	464.0	1362.0
	合溪	50.8	570.0	470.8	1425.8
	洪山	49.9	573.8	477.6	1447.9
	湖坑	58.1	603.1	479.7	1387.4
	湖雷	58.7	607.2	484.3	1451.1
	湖山	53.3	559.5	450.8	1338.7
	虎岗	51.3	599.1	463.1	1379.0
	金砂	53.7	581.9	471.5	1417.4

	乡（镇）	移栽期	伸根期	旺长期	成熟期
≥0 ℃有效积温	坎市	58.4	616.7	482.9	1452.9
	龙潭	57.3	604.4	478.0	1376.9
	培丰	55.1	606.3	470.0	1420.9
	岐岭	59.1	606.5	472.7	1403.7
	堂堡	53.2	597.3	465.7	1388.3
	西溪	53.7	590.6	467.6	1399.0
	下洋	59.7	623.2	517.7	1544.9
	平均	55.5	596.3	473.2	1410.4
≥5 ℃有效积温	陈东	34.1	410.0	343.2	1086.0
	大溪	32.4	395.7	344.5	1096.8
	峰市	25.2	373.4	354.6	1169.4
	抚市	33.3	406.6	346.8	1116.1
	高陂	31.5	415.3	347.4	1116.8
	高头	32.4	387.5	333.7	1038.2
	古竹	30.0	395.0	339.0	1062.0
	合溪	25.8	370.0	345.8	1125.8
	洪山	24.9	373.8	352.6	1147.9
	湖坑	33.1	403.1	354.7	1087.4
	湖雷	33.7	407.2	359.3	1151.1
	湖山	28.3	359.5	325.8	1038.7
	虎岗	26.3	399.1	338.1	1079.0
	金砂	28.7	381.9	346.5	1117.4
	坎市	33.4	416.7	357.9	1152.9
	龙潭	32.3	404.4	353.0	1076.9
	培丰	30.1	406.3	345.0	1120.9
	岐岭	34.1	406.5	347.7	1103.7
	堂堡	28.2	397.3	340.7	1088.3
	西溪	28.7	390.6	342.6	1099.0
	下洋	34.7	423.2	392.7	1244.9
	平均	30.5	396.3	348.2	1110.4
≥8 ℃有效积温	陈东	19.1	290.0	268.2	906.0
	大溪	17.4	275.7	269.5	916.8

续表

	乡（镇）	移栽期	伸根期	旺长期	成熟期
≥8 ℃有效积温	峰市	10.2	253.4	279.6	989.4
	抚市	18.3	286.6	271.8	936.1
	高陂	16.5	295.3	272.4	936.8
	高头	17.4	267.5	258.7	858.2
	古竹	15.0	275.0	264.0	882.0
	合溪	10.8	250.0	270.8	945.8
	洪山	9.9	253.8	277.6	967.9
	湖坑	18.1	283.1	279.7	907.4
	湖雷	18.7	287.2	284.3	971.1
	湖山	13.3	239.5	250.8	858.7
	虎岗	11.3	279.1	263.1	899.0
	金砂	13.7	261.9	271.5	937.4
	坎市	18.4	296.7	282.9	972.9
	龙潭	17.3	284.4	278.0	896.9
	培丰	15.1	286.3	270.0	940.9
	岐岭	19.1	286.5	272.7	923.7
	堂堡	13.2	277.3	265.7	908.3
	西溪	13.7	270.6	267.6	919.0
	下洋	19.7	303.2	317.7	1064.9
	平均	15.5	276.3	273.2	930.4
≥10 ℃有效积温	陈东	9.1	210.0	218.2	786.0
	大溪	7.4	195.7	219.5	796.8
	峰市	0.2	173.4	229.6	869.4
	抚市	8.3	206.6	221.8	816.1
	高陂	6.5	215.3	222.4	816.8
	高头	7.4	187.5	208.7	738.2
	古竹	5.0	195.0	214.0	762.0
	合溪	0.8	170.0	220.8	825.8
	洪山	0	173.8	227.6	847.9
	湖坑	8.1	203.1	229.7	787.4
	湖雷	8.7	207.2	234.3	851.1
	湖山	3.3	159.5	200.8	738.7

续表

乡(镇)	移栽期	伸根期	旺长期	成熟期
虎岗	1.3	199.1	213.1	779.0
金砂	3.7	181.9	221.5	817.4
坎市	8.4	216.7	232.9	852.9
龙潭	7.3	204.4	228.0	776.9
培丰	5.1	206.3	220.0	820.9
岐岭	9.1	206.5	222.7	803.7
堂堡	3.2	197.3	215.7	788.3
西溪	3.7	190.6	217.6	799.0
下洋	9.7	223.2	267.7	944.9
平均	5.5	196.3	223.2	810.4

其中第一列为：≥10 ℃有效积温

福建气候条件下烤烟品种适应性研究

根据福建省烤烟生育期情况,从平均气温、最高气温、最低气温、日照、降水量、有效积温等方面分析了整个生育期中移栽期、伸根期、旺长期和成熟期 4 个不同阶段的气候特征,目的是为烤烟生产提供依据。

3.1 数据与方法

3.1.1 气象数据

本文使用的福建省气象数据来自福建省气象局,时间周期是 1971—2014 年 1—7 月。使用的数学统计方法是多年平均值、极值的计算,候气候数据值是指 5 d 内的平均值。据烟草部门统计,龙岩地区没有种植早春烟。此外,部分县(区、市)如无种植早春烟或者春烟,则没有进行气象数据的统计分析。

3.1.2 生育期数据

根据 2014 年以前项目开始实施时全省烟区生育期实际情况调查所得各县(区、市)生育期数据,进行统计计算气候因素。福建省烤烟翠碧一号早春烟和 K326、云烟 87 春烟生育期划分如表 3.1～3.5 所示。

表 3.1 南平地区翠碧一号生育期划分

县(区、市)	移栽期	伸根期	旺长期	成熟期
邵武	1 月 20—25 日	1 月 26 日—4 月 5 日	4 月 6 日—5 月 5 日	5 月 6 日—6 月 30 日
建阳	1 月 20—25 日	1 月 26 日—3 月 15 日	3 月 16 日—4 月 25 日	4 月 26 日—6 月 30 日
浦城	1 月 28 日—2 月 5 日	2 月 6 日—4 月 10 日	4 月 11 日—5 月 5 日	5 月 6 日—7 月 10 日
顺昌	1 月 20—25 日	1 月 26 日—3 月 10 日	3 月 11 日—4 月 20 日	4 月 21 日—6 月 30 日

表 3.2 三明地区翠碧一号生育期划分

县(区、市)	移栽期	伸根期	旺长期	成熟期
宁化	1 月 21—25 日	1 月 26 日—4 月 10 日	4 月 11—25 日	4 月 26 日—6 月 20 日
清流	2 月 1—5 日	2 月 6 日—3 月 25 日	3 月 26 日—4 月 25 日	4 月 26 日—6 月 20 日
明溪	1 月 25—31 日	2 月 6 日—3 月 25 日	3 月 26 日—4 月 20 日	4 月 21 日—6 月 20 日

县（区、市）	移栽期	伸根期	旺长期	成熟期
永安	1月30日—2月5日	2月6日—3月30日	4月1—25日	4月26日—7月5日
大田	1月25—31日	2月1日—4月5日	4月6日—5月5日	5月6日—6月30日
沙县	1月20—25日	1月26日—3月25日	3月26日—4月15日	4月16日—6月15日
尤溪	1月15—20日	1月21日—3月20日	3月21日—4月20日	4月21日—6月30日
泰宁	1月25—31日	2月1日—3月25日	3月26日—4月20日	4月21日—6月20日
建宁	2月1—5日	2月6日—4月10日	4月11日—5月10日	5月11日—6月30日
城区	1月15—20日	1月21日—3月31日	4月1—20日	4月21日—6月30日
将乐	2月5—10日	2月11日—3月15日	3月16日—4月20日	4月21日—6月20日

表 3.3　南平地区 K326 生育期划分

县（区、市）	移栽期	伸根期	旺长期	成熟期
邵武	3月5—10日	3月11日—4月20日	4月21日—5月20日	5月21日—7月15日
建阳	3月5—10日	3月11日—4月15日	4月16日—5月5日	5月6日—7月10日
光泽	3月5—10日	3月11日—4月15日	4月16日—5月5日	5月6日—7月30日
武夷山	3月10—15日	3月16日—4月15日	4月16日—5月10日	5月11日—7月20日
浦城	2月28日—3月5日	3月6日—4月15日	4月16日—5月10日	5月11日—7月20日
松溪	3月10—15日	3月16日—4月10日	4月11日—5月15日	5月16日—7月20日
顺昌	2月26日—3月5日	3月6日—4月10日	4月11日—5月15日	5月16日—7月10日
延平	2月26日—3月5日	3月6日—4月5日	4月6日—5月5日	5月5日—7月10日
政和	2月28日—3月5日	3月6日—4月15日	4月6日—5月5日	5月5日—7月15日
邵武	2月25日—3月5日	3月6日—4月15日	4月16日—5月5日	5月16日—7月15日
建瓯	3月1—5日	3月6日—4月15日	4月16日—5月5日	5月6日—7月20日

表 3.4　三明地区云烟 87 生育期划分

县（区、市）	移栽期	伸根期	旺长期	成熟期
宁化	3月5—10日	3月11日—4月20日	4月21—30日	5月1日—6月30日
清流	2月27日—3月5日	3月6日—4月10日	4月11—30日	5月1日—7月5日
永安	2月26日—3月5日	3月6日—4月10日	4月11—30日	5月1日—7月10日
将乐	3月1—5日	3月6日—4月10日	4月11日—5月10日	5月11日—7月15日
泰宁	3月5—10日	3月11日—4月15日	4月16—30日	5月1日—7月10日
建宁	3月5—10日	3月11日—4月20日	4月21日—5月20日	5月21日—7月20日
尤溪	2月25—28日	3月1日—4月20日	4月21日—5月10日	5月11日—7月20日

表 3.5　龙岩地区云烟 87 生育期划分

县(区、市)	移栽期	伸根期	旺长期	成熟期
连城	2 月 10—15 日	2 月 16 日—3 月 20 日	3 月 21 日—4 月 20 日	4 月 21 日—7 月 10 日
永定	1 月 25—31 日	2 月 1 日—3 月 10 日	3 月 11 日—4 月 5 日	4 月 6 日—6 月 5 日
长汀	2 月 20—25 日	2 月 26 日—3 月 25 日	3 月 26 日—5 月 5 日	5 月 6 日—7 月 20 日
上杭	2 月 5—10 日	2 月 11 日—3 月 15 日	3 月 16 日—4 月 20 日	4 月 21 日—6 月 20 日
武平南部	1 月 20—31 日	2 月 1—29 日	3 月 1 日—4 月 15 日	4 月 16 日—6 月 30 日
武平北部	2 月 5—10 日	2 月 11—29 日	3 月 1 日—4 月 15 日	4 月 16 日—6 月 30 日
漳平	2 月 10—15 日	2 月 16 日—3 月 25 日	3 月 26 日—4 月 25 日	4 月 26 日—7 月 5 日

3.2　结果与分析

3.2.1　气温

3.2.1.1　平均气温

由表 3.6 可见南平地区不同县(区、市)早春烟各个生育期平均气温分布特征。移栽期平均气温的平均值是 8.9 ℃,最小值是在邵武,为 8.2 ℃,最大值是在顺昌,为 10.2 ℃;伸根期平均气温的平均值为 12.9 ℃,最小值是在建阳,为 12.0 ℃,最大值是在浦城,为 13.8 ℃;旺长期平均气温的平均值是 19.7 ℃,最小值是在顺昌,为 18.4 ℃,最大值是在邵武和浦城,为 20.7 ℃;成熟期平均气温的平均值是 25.1 ℃,最小值是在顺昌,为 24.8 ℃,最大值是在浦城,为 25.5 ℃。

表 3.6　南平地区不同县(区、市)早春烟和春烟各个生育期平均气温分布　　　单位:℃

县(区、市)	早春烟生育期				春烟生育期			
	移栽期	伸根期	旺长期	成熟期	移栽期	伸根期	旺长期	成熟期
光泽					13.6	17.1	21.3	26.0
邵武	8.2	13.2	20.7	25.2	14.0	17.8	22.5	26.4
武夷					14.0	17.4	21.6	26.0
浦城	8.6	13.8	20.7	25.5	12.4	16.6	21.4	25.9
建阳	8.7	12.0	18.9	25.0	14.4	17.7	21.7	25.8
松溪					15.3	17.7	21.8	26.6
建瓯					16.7	18.0	21.7	26.5
南平					17.1	17.7	21.7	26.5
顺昌	10.2	12.6	18.4	24.8	16.5	17.0	21.1	25.9
政和					13.7	16.7	21.1	26.0
平均	8.9	12.9	19.7	25.1	14.8	17.4	21.6	26.2

由表 3.6 可见南平地区不同县（区、市）春烟各个生育期的平均气温分布特征。移栽期平均气温的平均值是 14.8 ℃，最小值是在浦城，为 12.4 ℃，最大值是在南平为17.1 ℃；伸根期平均气温的平均值为 17.4 ℃，最小值是在浦城，为 16.6 ℃，最大值是在建瓯，为 18.0 ℃；旺长期平均气温的平均值是 21.6 ℃，最小值是在顺昌和政和，为 21.1 ℃，最大值是在邵武，为 22.5 ℃；成熟期平均气温的平均值是 26.2 ℃，最小值是在建阳，为 25.8 ℃，最大值是在松溪，为 26.6 ℃。

从南平早春烟和春烟平均气温的平均值对比来看，在各个生育期，春烟的平均值要均高于早春烟的；在移栽期高出 5.9 ℃，在伸根期高出 4.5 ℃；到了旺长期和成熟期，逐渐减少，分别高出 1.9 ℃和 1.1 ℃。

由表 3.7 可见三明地区不同县（区、市）早春烟各个生育期平均气温分布特征。移栽期平均气温的平均值是 8.6 ℃，最小值是在泰宁，为 6.6 ℃，最大值是在大田，为10.3 ℃；伸根期平均气温的平均值为 11.9 ℃，最小值是在泰宁，为 10.0 ℃，最大值是在大田，为 13.6 ℃；旺长期平均气温的平均值是 18.0 ℃，最小值是在泰宁，为16.1 ℃，最大值是在大田，为 20.2 ℃；成熟期平均气温的平均值是 23.3 ℃，最小值是在泰宁，为 22.0 ℃，最大值是在永安，为 24.3 ℃。

表 3.7　三明地区不同县（区、市）早春烟和春烟各个生育期平均气温分布　　单位：℃

县（区、市）	早春烟生育期				春烟生育期			
	移栽期	伸根期	旺长期	成熟期	移栽期	伸根期	旺长期	成熟期
宁化	7.3	11.5	18.8	22.7	11.6	15.5	20.0	23.4
泰宁	6.6	10.0	16.1	22.0	10.9	14.3	19.1	23.6
将乐	10.1	12.0	16.9	23.3	12.2	15.2	20.7	25.5
建宁	5.9	11.0	19.2	23.6	10.4	14.6	20.5	25.1
明溪	8.3	11.5	17.1	22.5				
沙县	9.7	12.5	17.7	23.2				
三明	9.3	12.7	18.7	24.1				
尤溪	9.2	11.8	17.5	23.8	12.4	16.1	21.6	25.6
永安	9.9	13.1	18.5	24.3	13.2	16.2	20.8	25.2
大田	10.3	13.6	20.2	24.1				
清流	7.7	11.5	17.5	22.9	11.1	14.5	19.4	23.9
平均	8.6	11.9	18.0	23.3	11.7	15.2	20.3	24.6

由表 3.7 可见三明地区不同县（区、市）春烟各个生育期平均气温分布特征。移栽期平均气温的平均值是 11.7 ℃，最小值是在建宁，为 10.4 ℃，最大值是在永安，为13.2 ℃；伸根期平均气温的平均值为 15.2 ℃，最小值是在泰宁，为 14.3 ℃，最大值是在永安，为 16.2 ℃；旺长期平均气温的平均值是 20.3 ℃，最小值是在泰宁，为

19.1 ℃,最大值是在尤溪,为 21.6 ℃;成熟期平均气温的平均值是 24.6 ℃,最小值是在宁化,为 23.4 ℃,最大值是在尤溪,为 25.6 ℃。

从三明早春烟和春烟平均气温的平均值对比来看,在各个生育期,春烟的平均值要均高于早春烟;在移栽期高出 3.1 ℃,在伸根期高出 3.3 ℃;到了后期旺长期和成熟期,逐渐减少,分别高出 2.3 ℃和 1.3 ℃。

由表 3.8 可见龙岩地区不同县(区、市)春烟各个生育期平均气温分布特征。移栽期平均气温的平均值是 12.2 ℃,最小值是在长汀,为 9.0 ℃,最大值是在漳平,为 15.0 ℃;伸根期平均气温的平均值为 15.2 ℃,最小值是在武平南部,为 13.6 ℃,最大值是在漳平,为 17.3 ℃;旺长期平均气温的平均值是 20.0 ℃,最小值是在武平北部和武平南部,为 18.6 ℃,最大值是在漳平,为 21.8 ℃;成熟期平均气温的平均值是 25.2 ℃,最小值是在永定,为 24.0 ℃,最大值是在漳平,为 26.1 ℃。

表 3.8　龙岩地区不同县(市)春烟各个生育期平均气温分布　　　　　单位:℃

县(区、市)	移栽期	伸根期	旺长期	成熟期
连城	12.9	15.2	19.9	25.2
上杭	13.4	15.7	20.6	25.3
武平北部	12.8	14.2	18.6	24.9
武平南部	10.6	13.6	18.6	24.9
永定	11.9	15.2	19.5	24.0
漳平	15.0	17.3	21.8	26.1
长汀	9.0	15.6	20.8	25.8
平均	12.2	15.2	20.0	25.2

综上所述,早春烟整个烟草生育期内,平均气温分布情况是南平>三明。在移栽期内,南平和三明平均气温的平均值<10 ℃,伸根期两个地区平均气温均为 12 ℃左右,旺长期平均气温在 18~20 ℃,成熟期平均气温较高,均在 25 ℃左右。

春烟整个烟草生育期内,平均气温分布情况是南平>龙岩>三明,南平春烟种植较晚,故而平均气温高于其他地区。在移栽期内,平均气温的平均值都是高于10 ℃的,伸根期 3 个地区平均气温均在 15 ℃左右,旺长期平均气温在 20~22 ℃,成熟期气温较高,均在 25 ℃左右。

从全省早春烟和春烟平均气温的平均值对比来看,在各个生育期,春烟的平均值均高于早春烟的;移栽期和伸根期高出 3.0 ℃以上;到了旺长期和成熟期,逐渐减少,高出 1~2 ℃。

3.2.1.2　最高气温

由表 3.9 可以得出南平地区不同县(区、市)早春烟各个生育期最高气温分布特征。移栽期最高气温的平均值是 14.1 ℃,最小值是在邵武,为 13.2 ℃,最大值是在顺昌,为 15.7 ℃;伸根期最高气温的平均值为 18.3 ℃,最小值是在建阳,为 17.3 ℃,最大值是在浦城,为 19.2 ℃;旺长期最高气温的平均值是 25.1 ℃,最小值是在顺昌,为 23.8 ℃,最大值是在邵武,为 26.2 ℃;成熟期最高气温的平均值是 30.5 ℃,最小值是在建阳和顺昌,为 30.4 ℃,最大值是浦城,为 30.8 ℃。

表 3.9　南平地区不同县(区、市)早春烟和春烟各个生育期最高气温分布　　单位:℃

县(区、市)	早春烟生育期				春烟生育期			
	移栽期	伸根期	旺长期	成熟期	移栽期	伸根期	旺长期	成熟期
光泽					18.9	22.3	26.5	31.4
邵武	13.2	18.6	26.2	30.7	19.4	23.2	27.8	32.1
武夷					19.1	22.4	26.9	31.3
浦城	14.0	19.2	26.1	30.8	17.9	22.0	26.8	31.2
建阳	13.6	17.3	24.3	30.4	19.8	23.2	27.2	31.3
松溪					20.9	23.4	27.3	32.3
建瓯					22.8	23.6	27.3	32.4
南平					22.8	22.9	26.9	31.9
顺昌	15.7	18.0	23.8	30.4	22.6	22.5	26.6	31.7
政和					19.2	22.2	26.7	31.7
平均	14.1	18.3	25.1	30.5	20.3	22.8	27.0	31.7

由表 3.9 可以得出南平地区不同县(区、市)春烟各个生育期最高气温分布特征。移栽期最高气温的平均值是 20.3 ℃,最小值是在浦城,为 17.9 ℃,最大值是在建瓯和南平,为 22.8 ℃;伸根期最高气温的平均值是 22.8 ℃,最小值是在浦城,为 22.0 ℃,最大值是在建瓯,为 23.6 ℃;旺长期最高气温的平均值是 27.0 ℃,最小值是在光泽,为 26.5 ℃,最大值是在邵武,为 27.8 ℃;成熟期最高气温的平均值是 31.7 ℃,最小值是在浦城,为 31.2 ℃,最大值是在建瓯,为 32.4 ℃。

从南平早春烟和春烟最高气温的平均值对比来看,在各个生育期,春烟的平均值均高于早春烟;在移栽期高出 6.2 ℃,在伸根期高出 4.5 ℃;到了旺长期和成熟期,逐渐减少,分别高出 1.9 ℃和 1.2 ℃。

由表 3.10 可见三明地区不同县(区、市)早春烟各个生育期最高气温分布特征。移栽期最高气温的平均值是 14.3 ℃,最小值是在泰宁,为 12.6 ℃,最大值是在大田,为 16.2 ℃;伸根期最高气温的平均值是 17.6 ℃,最小值是在泰宁,为 15.9 ℃,最大值是在大田,为 19.4 ℃;旺长期最高气温的平均值是 23.7 ℃,最小值是在泰宁,为 21.9 ℃,最大值是在大田,为 26.1 ℃;成熟期最高气温的平均值是 28.8 ℃,最小值是在泰宁,为 27.7 ℃,最大值是在尤溪,为 29.8 ℃。

由表 3.10 可以得出三明地区不同县(区、市)春烟各个生育期最高气温分布特征。移栽期最高气温平均值是 17.6 ℃,最小值是在建宁,为 16.3 ℃,最大值是在永安,为 19.1 ℃;伸根期最高气温的平均值为 20.8 ℃,最小值是在泰宁,为 19.9 ℃,最大值是在尤溪,为 22.2 ℃;旺长期最高气温的平均值是 26.3 ℃,最小值是在泰宁,为 25.3 ℃,最大值是在尤溪,为 27.9 ℃;成熟期最高气温的平均值是 30.3 ℃,最小值是在宁化,为 28.6 ℃,最大值是在尤溪,为 31.9 ℃。

从三明早春烟和春烟最高气温的平均值对比来看,在各个生育期,春烟的平均值要均高于早春烟;在移栽期高出 3.3 ℃,在伸根期高出 3.2 ℃;到了旺长期和成熟期,逐渐减少,分别高出 2.6 ℃ 和 1.5 ℃。

表 3.10　三明地区不同县(区、市)早春烟和春烟各个生育期最高气温分布　　单位:℃

县(区、市)	早春烟生育期				春烟生育期			
	移栽期	伸根期	旺长期	成熟期	移栽期	伸根期	旺长期	成熟期
宁化	12.8	17.0	24.4	27.9	17.0	20.8	25.7	28.6
泰宁	12.6	15.9	21.9	27.7	16.8	19.9	25.3	29.2
将乐	15.8	17.5	22.3	28.8	18.2	20.5	26.6	31.2
建宁	11.4	16.8	25.2	28.9	16.3	20.4	26.4	30.7
明溪	14.2	17.2	22.7	27.9				
沙县	15.0	18.1	23.3	28.9				
三明	14.8	17.9	24.2	29.5				
尤溪	15.6	17.7	23.5	29.8	18.3	22.2	27.9	31.9
永安	15.3	18.5	24.0	29.7	19.1	21.5	26.6	30.7
大田	16.2	19.4	26.1	29.5				
清流	13.3	17.3	23.3	28.5	17.5	20.1	25.4	29.5
平均	14.3	17.6	23.7	28.8	17.6	20.8	26.3	30.3

由表 3.11 可以得出龙岩地区不同县(区、市)春烟各个生育期最高气温分布特征。移栽期最高气温的平均值是 17.5 ℃,最小值是在长汀,为 13.9 ℃,最大值是在漳平,为 20.9 ℃;伸根期最高气温的平均值为 20.3 ℃,最小值是在武平南部,为 18.5 ℃,最大值是在漳平,为 22.9 ℃;旺长期最高气温的平均值是 24.9 ℃,最小值是在武平北部和武平南部,为 23.2 ℃,最大值是在漳平,为 27.4 ℃;成熟期最高气温的平均值是 30.2 ℃,最小值是在永定,为 29.1 ℃,最大值是在漳平,为 31.9 ℃。

表 3.11　龙岩地区不同县(区、市)春烟各个生育期最高气温分布　　单位:℃

县(区、市)	移栽期	伸根期	旺长期	成熟期
连城	18.0	20.0	24.6	30.0
上杭	18.7	20.6	25.5	30.2

续表

县（区、市）	移栽期	伸根期	旺长期	成熟期
武平北部	18.0	19.1	23.2	29.7
武平南部	15.6	18.5	23.2	29.7
永定	17.6	20.7	24.7	29.1
漳平	20.9	22.9	27.4	31.9
长汀	13.9	20.6	25.7	31.0
平均	17.5	20.3	24.9	30.2

综上所述，早春烟除移栽期外的烟草生育期内，最高气温分布情况是南平＞三明。在移栽期内，南平和三明最高气温的平均值＜15 ℃，伸根期两个地区最高气温均在18 ℃左右，旺长期最高气温在23～26 ℃，成熟期最高气温较高，均在28～31 ℃。

春烟整个烟草生育期内，最高气温分布情况是南平＞三明＞龙岩，南平春烟种植较晚，故而最高气温高于其他地区。在移栽期内，最高气温的平均值都是高于17 ℃的，南平更高一些，在20 ℃以上，伸根期3个地区最高气温均在20 ℃以上，旺长期最高气温在24～27 ℃，成熟期最高气温较高，均在30 ℃以上。

从全省早春烟和春烟最高气温的平均值对比来看，在各个生育期，春烟的平均值均高于早春烟的；移栽期和伸根期高出3.0 ℃以上；到了旺长期和成熟期，逐渐减少，高出1～3 ℃。

3.2.1.3　最低气温

由表3.12可见南平地区不同县（区、市）早春烟各个生育期最低气温分布特征。在移栽期最低气温的平均值是5.5 ℃，最小值是在浦城，为4.7 ℃，最大值是在顺昌，为6.6 ℃；伸根期最低气温的平均值为9.4 ℃，最小值是在建阳，为8.6 ℃，最大值是在浦城，为10.1 ℃；旺长期最低气温的平均值是16.0 ℃，最小值是在顺昌，为14.8 ℃，最大值是在邵武，为17.1 ℃；成熟期最低气温的平均值是21.4 ℃，最小值是在顺昌，为20.9 ℃，最大值是在浦城，为21.8 ℃。

由表3.12可见南平不同县（区、市）春烟各个生育期最低气温分布特征。在移栽期最低气温的平均值是11.0 ℃，最小值是在浦城，为8.5 ℃，最大值是在南平，为13.2 ℃；伸根期最低气温的平均值为13.7 ℃，最小值是在浦城，为12.8 ℃，最大值是在南平，为14.3 ℃；旺长期最低气温的平均值是17.8 ℃，最小值是在政和，为17.1 ℃，最大值是在邵武，为18.8 ℃；成熟期最低气温的平均值是22.2 ℃，最小值是在政和，为21.9 ℃，最大值是在南平，为22.7 ℃。

从南平早春烟和春烟最低气温的平均值对比来看，在各个生育期，春烟的平均值均高于早春烟；在移栽期高出5.5 ℃，在伸根期高出4.3 ℃；到了旺长期和成熟期，逐渐减少，分别高出1.8 ℃和0.8 ℃。

表 3.12　南平地区不同县(区、市)早春烟和春烟各个生育期最低气温分布　　单位:℃

县(区、市)	早春烟生育期				春烟生育期			
	移栽期	伸根期	旺长期	成熟期	移栽期	伸根期	旺长期	成熟期
光泽					9.8	13.4	17.4	22.0
邵武	5.1	9.7	17.1	21.5	10.4	14.2	18.8	22.6
武夷					10.4	13.8	17.8	22.3
浦城	4.7	10.1	16.8	21.8	8.5	12.8	17.5	22.0
建阳	5.6	8.6	15.2	21.2	10.7	14.1	17.9	22.0
松溪					11.4	13.8	17.8	22.4
建瓯					12.6	14.2	17.9	22.4
南平					13.2	14.3	18.2	22.7
顺昌	6.6	9.1	14.8	20.9	12.5	13.4	17.4	22.0
政和					9.8	12.9	17.1	21.9
平均	5.5	9.4	16.0	21.4	11.0	13.7	17.8	22.2

由表 3.13 可见三明地区不同县(区、市)早春烟各个生育期的最低气温分布特征。在移栽期最低气温的平均值是 5.0 ℃,最小值是在建宁,为 2.3 ℃,最大值是在大田和将乐,为6.6 ℃;伸根期最低气温的平均值是 8.3 ℃,最小值是在泰宁,为6.4 ℃,最大值是在大田,为 9.7 ℃;旺长期最低气温的平均值是 14.2 ℃,最小值是在泰宁,为 12.3 ℃,最大值是在大田,为 16.1 ℃;成熟期最低气温的平均值是19.6 ℃,最小值是在泰宁,为 18.3 ℃,最大值是在永安,为 20.5 ℃。

表 3.13　三明地区不同县(区、市)早春烟和春烟各个生育期最低气温分布　　单位:℃

县(区、市)	早春烟生育期				春烟生育期			
	移栽期	伸根期	旺长期	成熟期	移栽期	伸根期	旺长期	成熟期
宁化	3.7	7.8	14.8	19.0	7.8	11.8	16.0	19.8
泰宁	2.9	6.4	12.3	18.3	7.1	10.7	15.1	19.9
将乐	6.6	8.6	13.4	19.7	8.3	11.8	17.0	21.8
建宁	2.3	7.3	15.1	19.6	6.6	10.9	16.6	21.1
明溪	4.4	7.7	13.2	18.7				
沙县	6.3	8.9	13.9	19.3				
三明	5.7	9.3	15.0	20.4				
尤溪	5.5	8.7	13.7	20.0	8.9	12.3	17.5	21.6
永安	6.4	9.5	14.7	20.5	9.3	12.6	16.8	21.4
大田	6.6	9.7	16.1	20.4				
清流	4.2	7.8	13.8	19.2	7.0	11.0	15.4	20.2
平均	5.0	8.3	14.2	19.6	7.9	11.6	16.3	20.8

由表 3.13 可见三明地区不同县(区、市)春烟各个生育期最低气温分布特征。移栽期最低气温的平均值是 7.9 ℃,最小值是在建宁,为 6.6 ℃,最大值是在永安,为 9.3 ℃;伸根期最低气温的平均值为 11.6 ℃,最小值是在泰宁,为 10.7 ℃,最大值是在永安,为 12.6 ℃;旺长期最低气温的平均值是 16.3 ℃,最小值是在泰宁,为 15.1 ℃,最大值是在尤溪,为 17.5 ℃;成熟期最低气温的平均值是 20.8 ℃,最小值是在宁化,为 19.8 ℃,最大值是在将乐,为 21.8 ℃。

从三明早春烟和春烟最低气温的平均值对比来看,在各个生育期,春烟的平均值均高于早春烟;在移栽期高出 2.9 ℃,在伸根期高出 3.3 ℃;到了后期旺长期和成熟期逐渐减少,分别高出 2.1 ℃和 1.2 ℃。

由表 3.14 可见龙岩地区不同县(区、市)春烟各个生育期的最低气温分布特征。移栽期最低气温的平均值是 7.9 ℃,最小值是在长汀,为 5.7 ℃,最大值是在上杭,为 9.8 ℃;伸根期最低气温的平均值为 11.0 ℃,最小值是在武平南部,为 10.1 ℃,最大值是在上杭,为 12.3 ℃;旺长期最低气温的平均值是 16.0 ℃,最小值是在武平北部和武平南部,为 15.3 ℃,最大值是在上杭,为 17.3 ℃;成熟期最低气温的平均值是 21.7 ℃,最小值是在武平北部和武平南部,为 21.5 ℃,最大值是在上杭和长汀,为 22.0 ℃。

表 3.14　龙岩地区不同县(区、市)春烟各个生育期最低气温分布　　　　单位:℃

县(区、市)	移栽期	伸根期	旺长期	成熟期
连城	9.2	11.7	16.4	21.6
上杭	9.8	12.3	17.3	22.0
武平北部	9.1	10.8	15.3	21.5
武平南部	7.1	10.1	15.3	21.5
永定	7.2	10.2	15.4	21.6
漳平	7.3	10.3	15.5	21.7
长汀	5.7	12.0	17.2	22.0
平均	7.9	11.0	16.0	21.7

综上所述,早春烟整个烟草生育期内,最低气温分布情况是南平>三明。在移栽期内,南平和三明最低气温的平均值均小于 6 ℃,伸根期两个地区最低气温在 8~10 ℃,旺长期最低气温在 14~16 ℃,成熟期最低气温较高,均在 19~22 ℃。

春烟整个烟草生育期内,最低气温的分布情况是:移栽期的最低气温分布是南平>三明≥龙岩,伸根期和旺长期是南平>三明>龙岩,成熟期是南平>龙岩>三明,南平春烟种植较晚,故而最低气温高于其他地区。3 个地区在移栽期内,最低气温的平均值都高于 7 ℃,南平更高一些,在 10 ℃以上;伸根期最低气温均在 10 ℃以上,旺长期最低气温在 16~18 ℃,成熟期最低气温较高,均在 20 ℃以上。

从全省早春烟和春烟最低气温的平均值来看,在各个生育期,春烟的平均值均高于早春烟的;在移栽期和伸根期高出 3.0 ℃以上;到了旺长期和成熟期,逐渐减少,高出 1 ℃左右。

3.2.2 日照

由表 3.15 可见南平地区不同县(区、市)早春烟各个生育期平均日照时数分布特征。移栽期日照时数的平均值是 2.8 h,最小值是在邵武,为 2.2 h,最大值是在浦城为 3.7 h;伸根期日照时数的平均值是 3.1 h,最小值是在邵武,为 2.8 h,最大值是在浦城,为 3.5 h;旺长期日照时数的平均值是 3.8 h,最小值是在顺昌,为 3.5 h,最大值是在浦城,为 4.5 h;成熟期日照时数的平均值是 5.3 h,最小值是在邵武,为 4.9 h,最大值是在浦城,为 5.9 h。

表 3.15 南平地区不同县(区、市)早春烟和春烟各个生育期平均日照时数分布   单位:h

县(区、市)	早春烟生育期				春烟生育期			
	移栽期	伸根期	旺长期	成熟期	移栽期	伸根期	旺长期	成熟期
光泽					2.9	3.1	4.0	5.8
邵武	2.2	2.8	3.7	4.9	2.9	3.2	3.9	5.7
武夷					3.3	3.4	4.3	5.6
浦城	3.7	3.5	4.5	5.9	3.6	3.8	4.8	6.2
建阳	2.4	2.9	3.6	5.2	3.2	3.4	4.3	5.7
松溪					3.1	3.6	4.2	6.1
建瓯					4.1	3.5	4.2	6.1
南平					4.0	3.6	4.2	6.0
顺昌	2.8	3.0	3.5	5.2	3.8	3.3	3.9	5.8
政和					3.5	3.6	4.4	5.9
平均	2.8	3.1	3.8	5.3	3.4	3.4	4.2	5.9

由表 3.15 可见南平地区不同县(区、市)春烟各个生育期的平均日照时数分布特征。移栽期日照时数的平均值是 3.4 h,最小值是在光泽和邵武,为 2.9 h,最大值是在建瓯,为 4.1 h;伸根期日照时数的平均值为 3.4 h,最小值是在光泽,为 3.1 h,最大值是在浦城,为 3.8 h;旺长期日照时数的平均值是 4.2 h,最小值是在邵武和顺昌,为 3.9 h,最大值是在浦城,为 4.8 h;成熟期日照时数的平均值是 5.9 h,最小值是在武夷,为 5.6 h,最大值是在浦城,为 6.2 h。

从南平早春烟和春烟平均日照时数的平均值来看,在整个生育期内,春烟日照时数的平均值要高于早春烟,高出 0.5 h 左右。

由表 3.16 可以得出三明地区不同县(区、市)早春烟各个生育期的日照时数分布特征。移栽期日照时数的平均值是 2.9 h,最小值是在沙县,为 2.6 h,最大值是在三明和尤溪,为 3.2 h;伸根期日照时数的平均值为 2.9 h,最小值是在泰宁,为 2.6 h,最大值是在大田和尤溪,为 3.1 h;旺长期日照时数的平均值是 3.3 h,最小值是在泰宁和将乐,为 2.9 h,最大值是在大田、宁化和建宁,为 3.8 h;成熟期日照时数的平均值是 4.2 h,最小值是在明溪,为 3.8 h,最大值是在永安,为 4.5 h。

三明地区不同县(区、市)的春烟各个生育期的日均日照时数分布特征是:移栽期日照时数的平均值 3.1 h,最小值是在泰宁,为 2.6 h,最大值是在永安,为 3.6 h;伸根期日照时数的平均值为 2.8 h,最小值是在清流,为 2.5 h,最大值是在尤溪,为 3.3 h;旺长期日照时数的平均值是 3.9 h,最小值是在清流,为 3.6 h,最大值是在尤溪,为 4.3 h;成熟期日照时数的平均值是 4.9 h,最小值是在清流,为 4.3 h,最大值是在建宁,为 5.6 h。

从三明早春烟和春烟的日照时数的平均值来看,除了在伸根期,春烟的日照时数平均值要高于早春烟,高出 0.2~0.7 h。

表 3.16 三明地区不同县(区、市)早春烟和春烟各个生育期平均日照时数分布　　单位:h

县(区、市)	早春烟生育期				春烟生育期			
	移栽期	伸根期	旺长期	成熟期	移栽期	伸根期	旺长期	成熟期
宁化	2.8	2.9	3.8	4.2	2.9	2.9	4.1	4.5
泰宁	2.7	2.6	2.9	3.9	2.6	2.6	3.7	4.5
将乐	3.0	2.8	2.9	4.1	3.2	2.7	3.8	5.0
建宁	2.8	2.7	3.8	4.4	2.7	2.8	3.9	5.6
明溪	3.1	2.9	3.0	3.8				
沙县	2.6	3.0	3.2	4.3				
三明	3.2	2.9		4.4				
尤溪	3.2	3.1	3.3	4.4	3.0	3.3	4.3	5.4
永安	3.1	3.0	3.4	4.5	3.6	3.0	4.1	4.9
大田	3.1	3.1	3.8	4.1				
清流	2.9	2.7	3.1	3.9	3.3	2.5	3.6	4.3
平均	2.9	2.9	3.3	4.2	3.1	2.8	3.9	4.9

由表 3.17 可见龙岩地区不同县(区、市)春烟各个生育期的平均日照时数分布特征。移栽期日照时数的平均值是 3.2 h,最小值是在长汀,为 2.4 h,最大值是在永定,为 3.5 h;伸根期日照时数的平均值为 3.0 h,最小值是在武平北部,为 2.6 h,最大值是在永定和漳平,为 3.3 h;旺长期日照时数的平均值是 3.4 h,最小值是在武平北部和武平南部,为 2.8 h,最大值是在漳平,为 3.9 h;成熟期日照时数的平均值是

4.9 h,最小值是在武平北部和武平南部,为 4.3 h,最大值是在长汀,为 5.7 h。

表 3.17　龙岩地区不同县(区、市)春烟各个生育期平均日照时数分布　　　　　单位:h

县(区、市)	移栽期	伸根期	旺长期	成熟期
连城	3.1	3.0	3.6	5.3
上杭	3.4	3.1	3.5	4.8
武平北部	3.2	2.6	2.8	4.3
武平南部	3.3	2.8	2.8	4.3
永定	3.5	3.3	3.4	4.4
漳平	3.4	3.3	3.9	5.2
长汀	2.4	2.9	3.6	5.7
平均	3.2	3.0	3.4	4.9

综上所述,福建省各个地区的早春烟生育期内平均日照时数分布情况是:除移栽期外,由高到低是南平>三明,也就是说平均日照时数从北到南逐步降低。两个地区平均日照时数,在移栽期内,不到 3 h;伸根期在 3 h 左右,旺长期在 3.5 h 左右,成熟期平均日照时数较高,均在 4 h 以上。

福建省各个地区的春烟生育期内平均日照时数分布情况是:在移栽期和伸根期由高到低是南平>龙岩>三明,旺长期是南平>三明>龙岩,成熟期南平>三明=龙岩,南平光照条件最好,三明和龙岩略差。3 个地区的平均日照时数,在移栽期内和伸根期内,不足3.5 h;在旺长期三明和龙岩不足 4.0 h,南平超过 4.0 h;成熟期平均日照时数较高,三明和龙岩在 5.0 h 左右,南平更是接近 6.0 h。

从全省早春烟和春烟日照时数的平均值对比来看,南平和三明地区略有差异;南平在整个生育期内,春烟日照时数的平均值要高于早春烟的,高出 0.5 h 左右;三明除了伸根期外,春烟日照时数的平均值要高于早春烟的,高出 0.2~0.7 h。

3.2.3　降水量

由表 3.18 可以得出南平地区不同县(区、市)早春烟各个生育期降水量分布特征。移栽期降水量的平均值是 17.9 mm,最小值是在顺昌,为 15.6 mm,最大值是在浦城,为 19.3 mm;伸根期降水量的平均值为 332.1 mm,最小值是在顺昌,为 224.4 mm,最大值是在邵武,为 438.9 mm;旺长期降水量的平均值是 275.4 mm,最小值是在浦城,为 210.7 mm,最大值是在建阳,为 318.3 mm;成熟期降水量的平均值是547.0 mm,最小值是在邵武,为 522.0 mm,最大值是在顺昌,为 577.8 mm。

由表 3.18 可以得出南平地区不同县(区、市)春烟各个生育期降水量分布特征。移栽期降水量的平均值是 33.5 mm,最小值是在南平,为 29.4 mm,最大值是在武夷,为 39.2 mm;伸根期降水量的平均值为 255.9 mm,最小值是在政和,为

180.1 mm,最大值是在邵武,为 337.9 mm;旺长期的降水量的平均值是 225.5 mm,最小值是在建阳,为 165.3 mm,最大值是在松溪,为 299.7 mm;成熟期降水量的平均值是534.8 mm,最小值是在邵武,为 449.1 mm,最大值是在光泽,为 745.2 mm。

从南平早春烟和春烟的降水量的平均值对比来看,除了移栽期外,早春烟的降水量平均值要高于春烟,其中以伸根期差别最大。

表 3.18　南平地区不同县(区、市)早春烟和春烟各个生育期降水量分布　　　单位:mm

县(区、市)	早春烟生育期				春烟生育期			
	移栽期	伸根期	旺长期	成熟期	移栽期	伸根期	旺长期	成熟期
光泽					37.4	300.2	180.3	745.2
邵武	18.6	438.9	265.1	522.0	36.6	337.9	290.0	449.1
武夷					39.2	281.6	235.6	673.8
浦城	19.3	397.5	210.7	540.5	34.7	290.5	210.7	576.4
建阳	18.4	267.6	318.3	547.7	34.5	271.7	165.3	509.4
松溪					31.3	186.0	299.7	463.1
建瓯					30.6	298.2	167.9	503.3
南平					29.4	198.8	251.2	472.3
顺昌	15.6	224.4	307.7	577.8	31.1	214.4	255.8	487.9
政和					30.1	180.1	199.1	467.2
平均	17.9	332.1	275.4	547.0	33.5	255.9	225.5	534.8

由表 3.19 可以得出三明地区不同县(区、市)早春烟各个生育期降水量分布特征。移栽期降水量的平均值是 13.4 mm,最小值是在尤溪,为 6.8 mm,最大值是在建宁,为 19.1 mm;伸根期降水量的平均值为 277.6 mm,最小值是在将乐,为 161.2 mm,最大值是在宁化,为 395.6 mm;旺长期降水量的平均值是 188.8 mm,最小值是在宁化,为 112.8 mm,最大值是在将乐,为 263.5 mm;成熟期降水量的平均值是547.4 mm,最小值是在大田,为 442.9 mm,最大值是在明溪,为 596.6 mm。

由表 3.19 可以得出三明地区不同县(区、市)春烟各个生育期降水量分布特征。移栽期降水量的平均值是 25.5 mm,最小值是在尤溪,为 17.2 mm,最大值是在泰宁,为 28.6 mm;伸根期降水量的平均值为 265.3 mm,最小值是在永安,为 214.1 mm,最大值是在建宁,为 312.5 mm;旺长期降水量的平均值是 168.3 mm,最小值是在泰宁,为 114.4 mm,最大值是在建宁,为 261.1 mm;成熟期降水量的平均值是568.3 mm,最小值是在尤溪,为 508.0 mm,最大值是在泰宁,为 645.6 mm。

从三明早春烟和春烟降水量的平均值来看,在移栽期和成熟期春烟的平均值要高于早春烟的;伸根期和旺长期则相反。

表 3.19　三明地区不同县(区、市)早春烟和春烟各个生育期降水量分布　单位:mm

县(区、市)	早春烟生育期				春烟生育期			
	移栽期	伸根期	旺长期	成熟期	移栽期	伸根期	旺长期	成熟期
宁化	15.3	395.6	112.8	540.5	26.8	293.9	170.3	592.1
泰宁	13.4	278.8	200.7	570.3	28.6	263.6	114.4	645.6
将乐	15.6	161.2	263.5	569.5	28.3	245.7	242.7	563.4
建宁	19.1	381.7	254.3	509.0	27.4	312.5	261.1	510.5
明溪	13.1	274.3	192.7	596.6				
沙县	15.8	278.2	141.0	511.6				
三明	7.3	304.2	142.7	585.5				
尤溪	6.8	218.0	192.2	583.2	17.2	286.7	154.7	508.0
永安	12.6	234.9	165.5	566.1	22.6	214.1	128.0	535.9
大田	11.8	278.2	192.0	442.9				
清流	16.4	248.3	219.8	546.2	27.3	240.9	137.2	622.3
平均	13.4	277.6	188.8	547.4	25.5	265.3	168.3	568.3

　　由表 3.20 可以得出龙岩地区不同县(区、市)春烟各个生育期降水量分布特征。移栽期降水量的平均值是 12.4 mm,最小值是在漳平,为 9.8 mm,最大值是在连城,为23.1 mm;伸根期降水量的平均值为 107.6 mm,最小值是在武平北部,为84.8 mm,最大值是在连城,为 216.6 mm;旺长期降水量的平均值是 257.6 mm,最小值是在永定,为 210.4 mm,最大值是在长汀,为 331.2 mm;成熟期降水量的平均值是580.0 mm,最小值是在上杭,为484.8 mm,最大值是在武平南部和武平北部,为639.0 mm。

表 3.20　龙岩地区不同县(区、市)春烟各个生育期降水量分布　单位:mm

县(区、市)	移栽期	伸根期	旺长期	成熟期
长汀	17.7	194.5	331.2	529.7
连城	23.1	216.6	231.2	586.8
上杭	18.4	167.7	230.2	484.8
武平南部	11.2	117.8	291.8	639.0
漳平	9.8	121.7	236.5	519.2
永定	10.2	106.3	210.4	522.6
武平北部	18.3	84.8	291.8	639.0
平均	12.4	107.6	257.6	580.0

　　综上所述,福建省早春烟各个生育期内,降水量分布情况是前 3 个生育期内南平＞三明,成熟期除外。3 个地区的降水量,在移栽期内,在 15 mm 左右;伸根期

在 270～335 mm,旺长期为 180～280 mm,成熟期降水量最高,达到了 500～550 mm。福建省烟草春烟各个生育期内,降水量分布情况是在移栽期内南平>三明>龙岩,伸根期内三明>南平>龙岩,旺长期内龙岩>南平>三明,成熟期内龙岩>三明>南平,4 个时期各个降水量分布较为复杂。降水量在移栽期比较少,平均 10～35 mm,到了伸根期和旺长期上涨到 160～270 mm,成熟期最大,为 530～580 mm。

从全省早春烟和春烟降水量的平均值对比来看,南平除了移栽期外,早春烟降水量的平均值要高于春烟,其中以伸根期差别最大。三明在移栽期和成熟期,春烟的平均值要高于早春烟;伸根期和旺长期则相反。

3.2.4　有效积温

计算≥0 ℃、≥5 ℃、≥8 ℃和≥10 ℃有效积温。≥0 ℃主要用于分析基本的绝对有效积温,≥5 ℃主要针对翠碧一号等早春烟有效积温,≥8 ℃主要用于分析春烟烤烟不同生育期的有效积温,≥10 ℃主要用于与大农业对比。

3.2.4.1　南平烟区烤烟生育期内有效积温状况

(1)早春烟

由表 3.21 可以得出南平地区不同县(区、市)早春烟各个生育期的 4 种有效积温分布特征。在≥0 ℃有效积温中,移栽期有效积温的平均值是 44.6 ℃·d,最小值是在邵武,为 41.2 ℃·d,最大值是在顺昌,为 50.9 ℃·d;伸根期有效积温的平均值为 747.7 ℃·d,最小值是在顺昌,为 567.3 ℃·d,最大值是在邵武,为 924.5 ℃·d;旺长期有效积温是 657.2 ℃·d,最小值是在浦城,为 517.8 ℃·d,最大值是在建阳,为 754.5 ℃·d;成熟期有效积温的平均值是 1568.4 ℃·d,最小值是在邵武,为 1386.3 ℃·d,最大值是在顺昌,为 1732.7 ℃·d。

在≥5 ℃有效积温中,移栽期有效积温的平均值是 19.6 ℃·d,最小值是在邵武,为 16.2 ℃·d,最大值是在顺昌,为 25.9 ℃·d;伸根期有效积温的平均值为 460.2 ℃·d,最小值是在顺昌,为 342.3 ℃·d,最大值是在邵武,为 574.5 ℃·d;旺长期有效积温是 488.5 ℃·d,最小值是在浦城,为 392.8 ℃·d,最大值是在建阳,为 554.5 ℃·d;成熟期有效积温的平均值是 1255.9 ℃·d,最小值是在邵武,为 1111.3 ℃·d,最大值是在顺昌,为 1382.7 ℃·d。

在≥8 ℃有效积温中,移栽期有效积温的平均值是 4.6 ℃·d,最小值是在邵武,为 1.2 ℃·d,最大值是在顺昌,为 10.9 ℃·d;伸根期有效积温的平均值为 287.7 ℃·d,最小值是在建阳,为 201.3 ℃·d,最大值是在浦城,为 377.7 ℃·d;旺长期有效积温是 387.2 ℃·d,最小值是在浦城,为 317.8 ℃·d,最大值在是建阳,为 434.5 ℃·d;成熟期有效积温的平均值是 1068.4 ℃·d,最小值是在邵武,为 946.3 ℃·d,最大值是在顺昌,为 1172.7 ℃·d。

表 3. 21　南平地区不同县(区、市)早春烟和春烟各个生育期有效积温分布　单位：℃·d

县(区、市)		早春烟生育期				春烟生育期			
		移栽期	伸根期	旺长期	成熟期	移栽期	伸根期	旺长期	成熟期
≥0 ℃ 有效积温	光泽					68.2	600.2	426.0	2208.6
	邵武	41.2	924.5	621.6	1386.3	69.9	712.0	673.6	1453.5
	武夷					70.2	608.0	540.9	1823.4
	浦城	42.8	897.7	517.8	1532.5	62.0	662.9	534.6	1811.2
	建阳	43.6	601.3	754.5	1622.2	71.8	620.4	433.3	1679.0
	松溪					76.5	443.6	761.6	1727.9
	建瓯					83.5	720.8	434.7	1990.9
	南平					85.7	532.4	651.0	1722.5
	顺昌	50.9	567.3	735.0	1732.7	82.6	510.1	632.9	1685.1
	政和					68.3	502.2	633.3	1820.0
	平均	44.6	747.7	657.2	1568.4	73.9	591.3	572.2	1792.2
≥5 ℃ 有效积温	光泽					43.2	425.2	326.0	1783.6
	邵武	16.2	574.5	471.6	1111.3	44.9	512.0	523.6	1178.5
	武夷					45.2	433.0	415.9	1473.4
	浦城	17.8	572.7	392.8	1232.5	37.0	462.9	409.6	1461.2
	建阳	18.6	351.3	554.5	1297.2	46.8	445.4	333.3	1354.0
	松溪					51.5	318.6	586.6	1402.9
	建瓯					58.5	520.8	334.7	1615.9
	南平					60.7	382.4	501.0	1397.5
	顺昌	25.9	342.3	535.0	1382.7	57.6	360.1	482.9	1360.1
	政和					43.3	352.2	483.3	1470.0
	平均	19.6	460.2	488.5	1255.9	48.9	421.3	439.7	1449.7
≥8 ℃ 有效积温	光泽					28.2	320.2	266.0	1528.6
	邵武	1.2	364.5	381.6	946.3	29.9	392.0	433.6	1013.5
	武夷					30.2	328.0	340.9	1263.4
	浦城	2.8	377.7	317.8	1052.5	22.0	342.9	334.6	1251.2
	建阳	3.6	201.3	434.5	1102.2	31.8	340.4	273.3	1159.0
	松溪					36.5	243.6	481.6	1207.9
	建瓯					43.5	400.8	274.7	1390.9
	南平					45.7	292.4	411.0	1202.5
	顺昌	10.9	207.3	415.0	1172.7	42.6	270.1	392.9	1165.1
	政和					28.3	262.2	393.3	1260.0
	平均	4.6	287.7	387.2	1068.4	33.9	319.3	360.2	1244.2

续表

县(区、市)		早春烟生育期				春烟生育期			
		移栽期	伸根期	旺长期	成熟期	移栽期	伸根期	旺长期	成熟期
≥10 ℃ 有效积温	光泽					18.2	250.2	226.0	1358.6
	邵武		224.5	321.6	836.3	19.9	312.0	373.6	903.5
	武夷					20.2	258.0	290.9	1123.4
	浦城		247.7	267.8	932.5	12.0	262.9	284.6	1111.2
	建阳		101.3	354.5	972.2	21.8	270.4	233.3	1029.0
	松溪					26.5	193.6	411.6	1077.9
	建瓯					33.5	320.8	234.7	1240.9
	南平					35.7	232.4	351.0	1072.5
	顺昌	0.9	117.3	335.0	1032.7	32.6	210.1	332.9	1035.1
	政和					18.3	202.2	333.3	1120.0
	平均	0.9	172.7	319.7	943.4	23.9	251.3	307.2	1107.2

在≥10 ℃有效积温中,移栽期有效积温只有顺昌是0.9 ℃·d;伸根期有效积温的平均值为172.7 ℃·d,最小值是在建阳,为101.3 ℃·d,最大值是在浦城,为247.7 ℃·d;旺长期有效积温是319.7 ℃·d,最小值是在浦城,为267.8 ℃·d,最大值是在建阳,为354.5 ℃·d;成熟期有效积温的平均值是943.4 ℃·d,最小值是在邵武,为836.3 ℃·d,最大值是在顺昌,为1032.7 ℃·d。

(2)春烟

由表3.21可以得出南平地区不同县(区、市)春烟各个生育期的有效活动积温分布特征。

在≥0 ℃·d的有效积温中,移栽期有效积温的平均值是73.9 ℃·d,最小值是在浦城,为62.0 ℃·d,最大值是在南平,为85.7 ℃·d;伸根期有效积温的平均值为591.3 ℃·d,最小值是在松溪,为443.6 ℃·d,最大值是在建瓯,为720.8 ℃·d;旺长期有效积温的平均值是572.2 ℃·d,最小值是在建阳,为433.3 ℃·d,最大值是在松溪,为761.6 ℃·d;成熟期有效积温的平均值是1792.2 ℃·d,最小值是在邵武,为1453.5 ℃·d,最大值是在建瓯,为1990.9 ℃·d。

在≥5 ℃的有效积温中,移栽期有效积温的平均值是48.9 ℃·d,最小值是在浦城,为37.0 ℃·d,最大值是在南平,为60.7 ℃·d;伸根期有效积温的平均值为421.3 ℃·d,最小值是在松溪,为318.6 ℃·d,最大值是在建瓯,为520.8 ℃·d;旺长期有效积温是439.7 ℃·d,最小值是在光泽,为326.0 ℃·d,最大值是在松溪,为586.6 ℃·d;成熟期有效积温的平均值是1449.7 ℃·d,最小值是在邵武,为1178.5 ℃·d,最大值是在光泽,为1783.6 ℃·d。

在≥8 ℃的有效积温中,移栽期有效积温的平均值是33.9 ℃·d,最小值是在浦城,为 22.0 ℃·d,最大值是在南平,为 45.7 ℃·d;伸根期有效积温的平均值为 319.3 ℃·d,最小值是在松溪,为 243.6 ℃·d,最大值是在建瓯,为 400.8 ℃·d;旺长期有效积温的平均值是 360.2 ℃·d,最小值是在光泽,为 266.0 ℃·d,最大值是在松溪,为 481.6 ℃·d;成熟期有效积温的平均值是 1244.2 ℃·d,最小值是在邵武,为 1013.5 ℃·d,最大值是在光泽,为 1528.6 ℃·d。

在≥10 ℃的有效积温中,移栽期有效积温的平均值是 23.9 ℃·d,最小值是在浦城,为 12.0 ℃·d,最大值是在南平,为 35.7 ℃·d;伸根期有效积温的平均值为 251.3 ℃·d,最小值是在松溪,为 193.6 ℃·d,最大值是在建瓯,为 320.8 ℃·d;旺长期有效积温的平均值是 307.2 ℃·d,最小值是在光泽,为 226.0 ℃·d,最大值是在松溪,为 411.6 ℃·d;成熟期有效积温的平均值是 1107.2 ℃·d,最小值是在邵武,为 903.5 ℃·d,最大值是在光泽,为 1358.6 ℃·d。

从南平早春烟和春烟有效积温的平均值对比来看,在移栽期和成熟期,早春烟的平均值要低于春烟;在伸根期和旺长期,早春烟的平均值大部分高于春烟。

3.2.4.2　三明烟区烤烟生育期内有效积温状况

(1)早春烟

由表 3.22 可以得出三明地区不同县(区、市)早春烟各个生育期的 4 种有效积温分布特征。在≥0 ℃的有效积温中,移栽期有效积温的平均值是 42.8 ℃·d,最小值是在建宁,为 29.3 ℃·d,最大值是在大田,为 51.4 ℃·d。伸根期有效积温的平均值为 705.8 ℃·d,最小值是在将乐,为 421.5 ℃·d,最大值是在三明,为889.8 ℃·d。旺长期有效积温的平均值是 465.8 ℃·d,最小值是在宁化,为 281.6 ℃·d,最大值是在大田,为 605.2 ℃·d。成熟期有效积温的平均值是 1410.6 ℃·d,最小值是在建宁,为 1178.2 ℃·d,最大值是在永安,为 1698.1 ℃·d。

在≥5 ℃的有效积温中,移栽期有效积温的平均值是 17.8 ℃·d,最小值是在建宁,为 4.3 ℃·d,最大值是在大田,为 26.4 ℃·d。伸根期有效积温的平均值为 410.3 ℃·d,最小值是在将乐,为 246.5 ℃·d,最大值是在大田,为 557.7 ℃·d。旺长期有效积温的平均值是 336.3 ℃·d,最小值是在宁化,为 206.6 ℃·d,最大值是在大田,为 455.2 ℃·d。成熟期有效积温的平均值是 1108.3 ℃·d,最小值是在建宁,为 928.2 ℃·d,最大值是在永安,为 1348.1 ℃·d。

表 3.22　三明地区不同县(区、市)早春烟和春烟各个生育期有效积温分布　单位:℃·d

县(区、市)		早春烟生育期				春烟生育期			
		移栽期	伸根期	旺长期	成熟期	移栽期	伸根期	旺长期	成熟期
≥0 ℃ 有效积温	宁化	36.7	864.0	281.6	1247.3	57.8	621.9	200.5	1405.5
	泰宁	33.0	550.2	401.5	1318.4	54.4	500.0	286.7	1650.5
	将乐	50.5	421.5	590.7	1396.1	60.8	533.2	621.6	1655.4

续表

县（区、市）	早春烟生育期				春烟生育期			
	移栽期	伸根期	旺长期	成熟期	移栽期	伸根期	旺长期	成熟期
≥0 ℃ **有效积温** 建宁	29.3	717.9	575.6	1178.2	52.1	585.6	616.4	1506.2
明溪	41.6	631.3	426.8	1349.2				
沙县	48.4	751.7	354.0	1393.0				
三明	46.5	889.8	374.7	1687.8				
尤溪	45.9	764.0	525.2	1664.1	62.2	804.5	431.0	1794.2
永安	49.7	718.1	462.5	1698.1	65.9	565.9	416.4	1765.4
大田	51.4	882.7	605.2	1325.9				
清流	38.4	572.7	526.1	1257.9	55.3	508.8	387.6	1551.4
平均	42.8	705.8	465.8	1410.6	58.4	588.5	422.9	1618.4
≥5 ℃ **有效积温** 宁化	11.7	489.0	206.6	972.3	32.8	421.9	150.5	1105.5
泰宁	8.0	275.2	276.5	1018.4	29.4	325.0	211.7	1300.5
将乐	25.5	246.5	415.7	1096.1	35.8	358.2	471.6	1330.4
建宁	4.3	392.9	425.6	928.2	27.1	385.6	466.4	1206.2
明溪	16.6	356.3	301.8	1049.2				
沙县	23.4	451.7	254.0	1093.0				
三明	21.5	539.8	274.7	1337.8				
尤溪	20.9	439.0	375.2	1314.1	37.2	554.5	331.0	1444.2
永安	24.7	443.1	337.5	1348.1	40.9	390.9	316.4	1415.4
大田	26.4	557.7	455.2	1050.9				
清流	13.4	322.7	376.1	982.9	30.3	333.8	287.6	1226.4
平均	17.8	410.3	336.3	1108.3	33.4	395.7	319.3	1289.8
≥8 ℃ **有效积温** 宁化		264.0	161.6	807.3	17.8	301.9	120.5	925.5
泰宁		110.2	201.5	838.4	14.4	220.0	166.7	1090.5
将乐	10.5	141.5	310.7	916.1	20.8	253.2	381.6	1135.4
建宁		197.9	335.6	778.2	12.1	265.6	376.4	1026.2
明溪	1.6	191.3	226.8	869.2				
沙县	8.4	271.7	194.0	913.0				
三明	6.5	329.8	214.7	1127.8				
尤溪	5.9	244.0	285.2	1104.1	22.2	404.5	271.0	1234.2
永安	9.7	278.1	262.5	1138.1	25.9	285.9	256.4	1205.4
大田	11.4	362.7	365.2	885.9				
清流		172.7	286.1	817.9	15.3	228.8	227.6	1031.4
平均	7.7	233.1	258.5	926.9	18.4	280.0	257.2	1092.6

县（区、市）	早春烟生育期				春烟生育期			
	移栽期	伸根期	旺长期	成熟期	移栽期	伸根期	旺长期	成熟期
宁化		114.0	131.6	697.3	7.8	221.9	100.5	805.5
泰宁		70.2	151.5	718.4	4.4	150.0	136.7	950.5
将乐	0.5	71.5	240.7	796.1	10.8	183.2	321.6	1005.4
建宁		67.9	275.6	678.2	2.1	185.6	316.4	906.2
明溪		81.3	176.8	749.2				
沙县		151.7	154.0	793.0				
三明		189.8	174.7	987.8				
尤溪		114.0	225.2	964.1	12.2	304.5	231.0	1094.2
永安		168.1	212.5	998.1	15.9	215.9	216.4	1065.4
大田		232.7	305.2	775.9				
清流		72.7	226.1	707.9	5.3	158.8	187.6	901.4
平均	0.5	121.3	206.7	806.0	8.4	202.8	215.8	961.2

（表格左侧纵向标注：≥10 ℃有效积温）

在≥8 ℃的有效积温中，移栽期有效积温的平均值是 7.7 ℃·d，最小值是在明溪，为 1.6 ℃·d，最大值是在大田，为 11.4 ℃·d。伸根期有效积温的平均值为 233.1 ℃·d，最小值是在泰宁，为 110.2 ℃·d，最大值是在大田，为 362.7 ℃·d。旺长期有效积温的平均值是 258.5 ℃·d，最小值是在宁化，为 161.6 ℃·d，最大值是在大田，为 365.2 ℃·d。成熟期有效积温的平均值是 926.9 ℃·d，最小值是在建宁，为 778.2 ℃·d，最大值是在永安，为 1138.1 ℃·d。

在≥10 ℃的有效积温中，移栽期有效积温达到的只有将乐，为0.5 ℃。伸根期有效积温的平均值为 121.3 ℃·d，最小值是在建宁，为67.9 ℃·d，最大值是在大田，为 232.7 ℃·d。旺长期有效积温的平均值是 206.7 ℃·d，最小值是在宁化，为 131.6 ℃·d，最大值是在大田，为 305.2 ℃·d。成熟期有效积温的平均值是 806.0 ℃·d，最小值是在建宁，为 678.2 ℃·d，最大值是在永安，为 998.1 ℃·d。

（2）春烟

由表 3.22 可以得出三明地区不同县（区、市）春烟各个生育期的 4 种有效积温分布特征。在≥0 ℃有效积温中，移栽期有效积温的平均值是 58.4 ℃·d，最小值是在建宁，为 52.1 ℃·d，最大值是在永安，为 65.9 ℃·d；伸根期有效积温的平均值为 588.5 ℃·d，最小值是在泰宁，为 500.0 ℃·d，最大值是在尤溪，为 804.5 ℃·d；旺长期有效积温的平均值是 422.9 ℃·d，最小值是在宁化，为 200.5 ℃·d，最大值是在将乐，为 621.6 ℃·d；成熟期有效积温的平均值是 1618.4 ℃·d，最小值是在宁化,为 1405.5 ℃·d,最大值是在尤溪,为 1794.2 ℃·d。

在≥5 ℃有效积温中,移栽期有效积温的平均值是 33.4 ℃·d,最小值是在建宁,为 27.1 ℃·d,最大值是在永安,为 40.9 ℃·d;伸根期有效积温的平均值为 395.7 ℃·d,最小值是在泰宁,为 325.0 ℃·d,最大值是在尤溪,为 554.5 ℃·d;旺长期有效积温的平均值是 319.3 ℃·d,最小值是在宁化,为 150.5 ℃·d,最大值是在将乐,为 471.6 ℃·d;成熟期有效积温的平均值是 1289.8 ℃·d,最小值是在宁化,为 1105.5 ℃·d,最大值是在尤溪,为 1444.2 ℃·d。

在≥8 ℃有效积温中,移栽期有效积温的平均值是 18.4 ℃·d,最小值是在建宁,为 12.1 ℃·d,最大值是在永安,为 25.9 ℃·d;伸根期有效积温的平均值为 280.0 ℃·d,最小值是在泰宁,为 220.0 ℃·d,最大值是在尤溪,为 404.5 ℃·d;旺长期有效积温的平均值是 257.2 ℃·d,最小值是在宁化,为 166.7 ℃·d,最大值是在将乐,为 381.6 ℃·d;成熟期有效积温的平均值是 1092.6 ℃·d,最小值是在宁化,为 925.5 ℃·d,最大值是在尤溪,为 1234.2 ℃·d。

在≥10 ℃有效积温中,移栽期有效积温的平均值是 8.4 ℃·d,最小值是在建宁,为 2.1 ℃·d,最大值是在永安,为 15.9 ℃·d;伸根期有效积温的平均值为 202.8 ℃·d,最小值是在泰宁,为 150.0 ℃·d,最大值是在尤溪,为 304.5 ℃·d;旺长期有效积温的平均值是 215.8 ℃·d,最小值是在宁化,为 100.5 ℃·d,最大值是在将乐,为 321.6 ℃·d;成熟期有效积温的平均值是 961.2 ℃·d,最小值是在宁化,为 805.5 ℃·d,最大值是在尤溪,为 1094.2 ℃·d。

从三明早春烟和春烟有效积温的平均值对比来看,在移栽期和成熟期,春烟的平均值要高于早春烟;到了伸根期和旺长期,早春烟的平均值大部分高于春烟。

3.2.4.3　龙岩烟区烤烟生育期内有效积温状况

由表 3.23 可以得出龙岩地区不同县(区、市)春烟各个生育期的 4 种有效积温分布特征。在≥0 ℃有效积温中,移栽期有效积温的平均值是 61.1 ℃·d,最小值是在长汀,为 45.2 ℃·d,最大值是在漳平,为 75.0 ℃·d;伸根期有效积温的平均值为 505.4 ℃·d,最小值是在武平北部,为 283.8 ℃·d,最大值是在漳平,为 692.2 ℃·d;旺长期有效积温的平均值是 709.1 ℃·d,最小值是在永定,为 486.4 ℃·d,最大值是在武平南部和武平北部,为 836.5 ℃·d;成熟期有效积温的平均值是 1780.5 ℃·d,最小值是在永定,为 1439.0 ℃·d,最大值是在连城,为 2012.7 ℃·d。

在≥5 ℃有效积温中,移栽期有效积温的平均值是 36.1 ℃·d,最小值是在长汀,为 20.2 ℃·d,最大值是在漳平,为 50.0 ℃·d;伸根期有效积温的平均值为 341.1 ℃·d,最小值是在武平北部,为 183.8 ℃·d,最大值是在漳平,为 492.2 ℃·d;旺长期有效积温的平均值是 530.5 ℃·d,最小值是在永定,为 361.4 ℃·d,最大值是在长汀,为 631.8 ℃·d;成熟期有效积温的平均值是 1426.9 ℃·d,最小值是在永定,为 1139.0 ℃·d,最大值是在连城,为 1612.7 ℃·d。

在≥8 ℃有效积温中,移栽期有效积温的平均值是 21.1 ℃ · d,最小值是在长汀,为 5.2 ℃ · d,最大值是在漳平,为 35.0 ℃ · d;伸根期有效积温的平均值为 242.5 ℃ · d,最小值是在武平北部,为 123.8 ℃ · d,最大值是在漳平,为 372.2 ℃ · d;旺长期有效积温的平均值是 423.4 ℃ · d,最小值是在永定,为 286.4 ℃ · d,最大值是在长汀,为 511.8 ℃ · d;成熟期有效积温的平均值是 1214.8 ℃ · d,最小值是在永定,为 959.0 ℃ · d,最大值是在连城,为 1372.7 ℃ · d。

在≥10 ℃有效积温中,移栽期有效积温的平均值是 13.7 ℃ · d,最小值是在武平南部,为 2.8 ℃ · d,最大值是在漳平,为 25.0 ℃ · d;伸根期有效积温的平均值为 176.8 ℃ · d,最小值是在武平北部,为 83.8 ℃ · d,最大值是在漳平,为 292.2 ℃ · d;旺长期有效积温的平均值是 352.0 ℃ · d,最小值是在永定,为 236.4 ℃ · d,最大值是在长汀,为 431.8 ℃ · d;成熟期有效积温的平均值是 1073.3 ℃ · d,最小值是在永定,为 839.0 ℃ · d,最大值是在连城,为 1212.7 ℃ · d。

表 3.23 龙岩地区不同县(区、市)春烟各个生育期有效活动积温分布 单位:℃ · d

	县(区、市)	移栽期	伸根期	旺长期	成熟期
≥0 ℃有效积温	长汀	45.2	467.0	831.8	1934.8
	连城	64.4	533.5	597.4	2012.7
	上杭	67.0	548.2	722.7	1520.4
	武平南部	52.8	406.9	836.5	1865.5
	漳平	75.0	692.2	652.6	1825.4
	永定	59.4	606.1	486.4	1439.0
	武平北部	63.8	283.8	836.5	1865.5
	平均	61.1	505.4	709.1	1780.5
≥5 ℃有效积温	长汀	20.2	317.0	631.8	1559.8
	连城	39.4	358.5	447.4	1612.7
	上杭	42.0	373.2	547.7	1220.4
	武平南部	27.8	256.9	611.5	1490.5
	漳平	50.0	492.2	502.6	1475.4
	永定	34.4	406.1	361.4	1139.0
	武平北部	38.8	183.8	611.5	1490.5
	平均	36.1	341.1	530.5	1426.9
≥8 ℃有效积温	长汀	5.2	227.0	511.8	1334.8
	连城	24.4	253.5	357.4	1372.7
	上杭	27.0	268.2	442.7	1040.4
	武平南部	12.8	166.9	476.5	1265.5

	县(区、市)	移栽期	伸根期	旺长期	成熟期
≥8 ℃有效积温	漳平	35.0	372.2	412.6	1265.4
	永定	19.4	286.1	286.4	959.0
	武平北部	23.8	123.8	476.5	1265.5
	平均	21.1	242.5	423.4	1214.8
≥10 ℃有效积温	长汀		167.0	431.8	1184.8
	连城	14.4	183.5	297.4	1212.7
	上杭	17.0	198.2	372.7	920.4
	武平南部	2.8	106.9	386.5	1115.5
	漳平	25.0	292.2	352.6	1125.4
	永定	9.4	206.1	236.4	839.0
	武平北部	13.8	83.8	386.5	1115.5
	平均	13.7	176.8	352.0	1073.3

综上所述,早春烟大部分烟草生育期内,4种有效积温的分布情况是南平＞三明。在≥0 ℃的有效积温中,移栽期内平均值在40～50 ℃·d,伸根期均在700 ℃·d以上,旺长期是450～660 ℃·d,成熟期气温较高,均在1500 ℃·d左右。≥5 ℃、≥8 ℃和≥10 ℃有效积温分布规律同上,但是平均值依次减少。

春烟整个烟草生育期内,≥0 ℃有效积温分布情况是:移栽期和成熟期内南平＞龙岩＞三明,伸根期内南平＞三明＞龙岩,旺长期内龙岩＞南平＞三明。在移栽期,有效积温均在50～80 ℃·d;伸根期均在500～600 ℃·d,旺长期在400～700 ℃·d;成熟期均在1600～1800 ℃·d。≥5 ℃、≥8 ℃和≥10 ℃的有效积温的分布规律同上,但是平均值依次减少。

从全省早春烟和春烟4种有效活动积温的平均值对比来看,在移栽期和成熟期,春烟的平均值要高于早春烟;到了伸根期和旺长期,早春烟的平均值大部分高于春烟。

3.2.5　有效地积温(15 cm 有效地积温)

以下是≥0 ℃、≥5 ℃、≥8 ℃及≥10 ℃ 15 cm 有效地积温分别简称≥0 ℃、≥5 ℃、≥8 ℃及≥10 ℃有效地积温。

3.2.5.1　南平烟区烤烟生育期内有效地积温状况

(1)早春烟

由表3.24可以得出南平地区不同县(区、市)早春烟各个生育期的4种15 cm 有效地积温分布特征。在≥0 ℃有效地积温中,移栽期的15 cm 有效地积温的平均值是51.8 ℃·d,最小值是在邵武,为 49.2 ℃·d,最大值是在建阳,为 54.3 ℃·d;伸根期的 15 cm 有效地积温的平均值为 799.3 ℃·d,最小值是在顺昌,为 597.2 ℃·d,最大值是在邵武,为 982.1 ℃·d;旺长期的 15 cm 有效地积温的平均值是 686.2 ℃·d,最小值是在浦城,为 533.5 ℃·d,最大值是在建阳,为 801.7 ℃·d;成熟期的 15 cm 有效地积温的平均值是 1656.0 ℃·d,最小值是在邵武,为 1450.8 ℃·d,最大值是在顺昌,为 1821.1 ℃·d。

在≥5 ℃有效地积温中,移栽期的 15 cm 有效地积温的平均值是 26.9 ℃·d,最小值是在邵武,为 24.2 ℃·d,最大值是在建阳,为 29.3 ℃·d;伸根期的 15 cm 有效地积温的平均值为 511.8 ℃·d,最小值是在顺昌,为 372.2 ℃·d,最大值是在邵武,为 632.1 ℃·d;旺长期的 15 cm 有效地积温的平均值是 511.7 ℃·d,最小值是在浦城,为 408.5 ℃·d,最大值是在建阳,为 610.7 ℃·d;成熟期的 15 cm 有效地积温的平均值是 1343.9 ℃·d,最小值是在邵武,为 1175.8 ℃·d,最大值是在顺昌,为 1472.0 ℃·d。

在≥8 ℃有效地积温中,移栽期的 15 cm 有效地积温的平均值是11.8 ℃·d,最小值是在邵武,为 9.2 ℃·d,最大值是在建阳,为 14.3 ℃·d;伸根期的 15 cm 有效地积温的平均值为 339.3 ℃·d,最小值是在顺昌,为 237.2 ℃·d,最大值是在邵武,为 422.1 ℃·d;旺长期的 15 cm 有效地积温的平均值是 416.2 ℃·d,最小值是在浦城,为 333.5 ℃·d,最大值是在建阳,为 481.7 ℃·d;成熟期的 15 cm 有效地积温的平均值是 1156.0 ℃·d,最小值是邵武,为 1010.8 ℃·d,最大值是顺昌,为 1261.1 ℃·d。

在≥10 ℃有效地积温中,移栽期的 15 cm 有效地积温的平均值是 2.7 ℃·d,最小值是在浦城,为 0.7 ℃·d,最大值是在建阳,为 4.3 ℃·d;伸根期的 15 cm 有效地积温的平均值为224.3 ℃·d,最小值是在顺昌,为 147.2 ℃·d,最大值是在浦城,为 287.2 ℃·d;旺长期的 15 cm 有效地积温的平均值是 348.7 ℃·d,最小值是在浦城,为 283.5 ℃·d,最大值是在建阳,为 401.7 ℃·d;成熟期的 15 cm 有效地积温的平均值是 1031.0 ℃·d,最小值是在邵武,为 900.8 ℃·d,最大值是在顺昌,为 1121.1 ℃·d。

表3.24　南平地区不同县(区、市)早春烟和春烟各个生育期有效地积温分布　单位:℃·d

县(区、市)		早春烟生育期				春烟生育期			
		移栽期	伸根期	旺长期	成熟期	移栽期	伸根期	旺长期	成熟期
≥0 ℃ 有效地积温	光泽					62.5	587.4	424.2	2344.4
	邵武	49.2	982.1	640.3	1450.8	72.8	730.3	700.0	1527.9
	武夷					72.3	617.3	560.9	1930.5
	浦城	50.7	937.2	533.5	1615.1	66.2	673.3	552.9	1918.6
	建阳	54.3	680.7	801.7	1736.9	77.0	661.1	458.7	1805.1
	松溪					80.0	466.0	797.8	1859.3

续表

县(区、市)	早春烟生育期				春烟生育期			
	移栽期	伸根期	旺长期	成熟期	移栽期	伸根期	旺长期	成熟期
≥0 ℃有效地积温 建瓯					87.7	764.9	461.6	2165.4
南平					87.5	548.3	677.1	1827.9
顺昌	53.0	597.2	769.3	1821.1	93.7	532.8	659.1	1780.3
政和					71.7	496.1	629.0	1888.4
平均	51.8	799.3	686.2	1656.0	77.1	607.7	592.1	1904.8
≥5 ℃有效地积温 光泽					37.5	412.4	324.2	1919.4
邵武	24.2	632.1	490.3	1175.8	47.8	530.3	550.0	1252.9
武夷					47.3	442.3	435.9	1580.5
浦城	25.7	612.2	408.5	1315.9	41.2	473.3	427.9	1568.6
建阳	29.3	430.7	610.7	1411.9	52.0	486.1	358.7	1480.1
松溪					55.0	341.0	622.8	1534.3
建瓯					62.7	564.9	361.6	1790.4
南平					62.5	398.3	527.1	1502.9
顺昌	28.4	372.2	569.3	1472.0	68.7	382.8	509.1	1455.3
政和					46.7	346.1	479.0	1538.4
平均	26.9	511.8	511.7	1343.9	52.1	437.7	459.6	1562.3
≥8 ℃有效地积温 光泽					22.5	307.4	264.2	1664.4
邵武	9.2	422.1	400.3	1010.8	32.8	410.3	460.0	1087.9
武夷					32.3	337.3	360.9	1370.5
浦城	10.7	417.2	333.5	1135.1	26.2	353.3	352.9	1358.6
建阳	14.3	280.7	481.7	1216.9	37.0	381.1	298.7	1285.1
松溪					40.0	266.0	517.8	1339.3
建瓯					47.7	444.9	301.6	1565.4
南平					47.5	308.3	437.1	1307.9
顺昌	13.0	237.2	449.3	1261.1	53.7	292.8	419.1	1260.3
政和					31.7	256.1	389.0	1328.4
平均	11.8	339.3	416.2	1156.0	37.1	335.7	380.1	1356.8
≥10 ℃有效地积温 光泽					12.5	237.4	224.2	1494.4
邵武		282.1	340.3	900.8	22.8	330.3	400.0	977.9
武夷					22.3	267.3	310.9	1230.5
浦城	0.7	287.2	283.5	1015.1	16.2	273.3	302.9	1218.6

续表

县(区、市)		早春烟生育期				春烟生育期			
		移栽期	伸根期	旺长期	成熟期	移栽期	伸根期	旺长期	成熟期
≥10 ℃ 有效地积温	建阳	4.3	180.7	401.7	1086.9	27.0	311.1	258.7	1155.1
	松溪					30.0	216.0	447.8	1209.3
	建瓯					37.7	364.9	261.6	1415.4
	南平					37.5	248.3	377.1	1177.9
	顺昌	3.0	147.2	369.3	1121.1	43.7	232.8	359.1	1130.3
	政和					21.7	196.1	329.0	1188.4
	平均	2.7	224.3	348.7	1031.0	27.1	267.7	327.1	1219.8

(2)春烟

由表 3.24 可以得出南平地区不同县(区、市)的春烟各个生育期的 15 cm 有效地积温分布特征。在≥0 ℃有效地积温中,移栽期的 15 cm 有效地积温的平均值是 77.1 ℃·d,最小值是在光泽,为 62.5 ℃·d,最大值是在顺昌,为 93.7 ℃·d;伸根期的 15 cm 有效地积温的平均值为 607.7 ℃·d,最小值是在松溪,为 466.0 ℃·d,最大值是在建瓯,为 764.9 ℃·d;旺长期的 15 cm 有效地积温的平均值是 592.1 ℃·d,最小值是在光泽,为 424.2 ℃·d,最大值是在松溪,为 797.8 ℃·d;成熟期的 15 cm 有效地积温的平均值是 1904.8 ℃·d,最小值是在邵武,为 1527.9 ℃·d,最大值是在光泽,为 2344.4 ℃·d。

在≥5 ℃有效地积温中,移栽期的 15 cm 有效地积温的平均值是 52.1 ℃·d,最小值是在光泽,为 37.5 ℃·d,最大值是在顺昌,为 68.7 ℃·d;伸根期的 15 cm 有效地积温的平均值为 437.7 ℃·d,最小值是在松溪,为 341.0 ℃·d,最大值是在建瓯,为 564.9 ℃·d;旺长期的 15 cm 有效地积温的平均值是 459.6 ℃·d,最小值是在光泽,为 324.2 ℃·d,最大值是在松溪,为 622.8 ℃·d;成熟期的 15 cm 有效地积温的平均值是 1562.3 ℃·d,最小值是在邵武,为 1252.9 ℃·d,最大值是在光泽,为 1919.4 ℃·d。

在≥8 ℃有效地积温中,移栽期的 15 cm 有效地温的平均值是 37.1 ℃·d,最小值是在光泽,为 22.5 ℃·d,最大值是在顺昌,为 53.7 ℃·d;伸根期的 15 cm 有效地积温的平均值为 335.7 ℃·d,最小值是在政和,为 256.1 ℃·d,最大值是在建瓯,为 444.9 ℃·d;旺长期的 15 cm 有效地积温的平均值是 380.1 ℃·d,最小值是在光泽,为 264.2 ℃·d,最大值是在松溪,为 517.8 ℃·d;成熟期的 15 cm 有效地积温的平均值是 1356.8 ℃·d,最小值是在邵武,为 1087.9 ℃·d,最大值是在光泽,为 1664.4 ℃·d。

在≥10 ℃有效地积温中,移栽期的 15 cm 有效地积温的平均值是 27.1 ℃·d,

最小值是在光泽,为 12.5 ℃·d,最大值是在顺昌,为 43.7 ℃·d;伸根期的 15 cm 有效地积温的平均值为 267.7 ℃·d,最小值是在政和,为 196.1 ℃·d,最大值是在建瓯,为 364.9 ℃·d;旺长期的 15 cm 有效地积温的平均值是 327.1 ℃·d,最小值是在光泽,为 224.2 ℃·d,最大值是在松溪,为 447.8 ℃·d;成熟期的 15 cm 有效地积温的平均值是 1219.8 ℃·d,最小值是在邵武,为 977.9 ℃·d,最大值是在光泽,为 1494.4 ℃·d。

从南平早春烟和春烟的 15 cm 有效地积温的平均值对比来看,在移栽期和成熟期,春烟的平均值要高于早春烟,如分别在≥0 ℃有效地积温中高出 25.3 ℃·d 和 248.8 ℃·d;到了伸根期和旺长期,早春烟的平均值要高于春烟,在≥0 ℃的有效地积温中分别高出 191.6 ℃·d 和 94.1 ℃·d。

3.2.5.2 三明烟区烤烟生育期内有效地积温状况

(1)早春烟

由表 3.25 可以得出三明地区不同县(区、市)早春烟各个生育期的 4 种 15 cm 有效地积温分布特征。在≥0 ℃有效地积温中,移栽期的 15 cm 有效地积温的平均值是 55.7 ℃·d,最小值是在泰宁,为 45.8 ℃·d,最大值是在将乐,为 64.2 ℃·d;伸根期的 15 cm 有效地积温的平均值为 813.9 ℃·d,最小值是在将乐,为 489.1 ℃·d,最大值是三明,为 992.7 ℃·d;旺长期的 15 cm 有效地积温的平均值是 494.0 ℃·d,最小值是在宁化,为 286.4 ℃·d,最大值是在将乐,为 648.0 ℃·d;成熟期的 15 cm 有效地积温的平均值是 1492.9 ℃·d,最小值是在建宁,为 1266.5 ℃,最大值是在尤溪,为 1812.8 ℃·d。

在≥5 ℃有效地积温中,移栽期的 15 cm 有效地积温的平均值是 30.7 ℃·d,最小值是在泰宁,为 20.8 ℃·d,最大值是在尤溪,为 36.4 ℃·d;伸根期的 15 cm 有效地积温的平均值为 518.4 ℃·d,最小值是在将东,为 314.1 ℃·d,最大值是在大田,为 646.8 ℃·d;旺长期的 15 cm 有效地积温的平均值是 364.5 ℃·d,最小值是在宁化,为 211.4 ℃·d,最大值是在大田,为 473.1 ℃·d;成熟期的 15 cm 有效地积温的平均值是 1190.6 ℃·d,最小值是在建宁,为 1016.5 ℃·d,最大值是在尤溪,为 1462.8 ℃·d。

在≥8 ℃有效地积温中,移栽期的 15 cm 有效地积温的平均值是 15.7 ℃·d,最小值是在泰宁,为 5.8 ℃·d,最大值是在将乐,为 24.2 ℃·d;伸根期的 15 cm 有效地积温的平均值为 341.2 ℃·d,最小值是在将乐,为 209.1 ℃·d,最大值是在大田,为 451.8 ℃·d;旺长期的 15 cm 有效地积温的平均值是 286.7 ℃·d,最小值是在宁化,为 166.4 ℃·d,最大值是在大田,为 383.1 ℃·d;成熟期的 15 cm 有效地积温的平均值是 1009.3 ℃·d,最小值是在清流,为 862.9 ℃·d,最大值是在尤溪,为 1252.8 ℃·d。

在≥10 ℃有效地积温中,移栽期的 15 cm 有效地积温的平均值是 9.3 ℃·d,最小值是在清流,为 3.6 ℃·d,最大值是在将乐,为 14.2 ℃·d;伸根期的 15 cm 有效地积温的平均值为 223.0 ℃·d,最小值是在泰宁,为 117.8 ℃·d,最大值是在大田,为 321.8 ℃·d;旺长期的 15 cm 有效地积温的平均值是 234.9 ℃·d,最小值是在宁化,为 136.4 ℃·d,最大值是在大田,为 323.1 ℃·d;成熟期的 15 cm 有效地积温的平均值是 888.4 ℃·d,最小值是在清流,为 752.9 ℃·d,最大值是在尤溪,为 1112.8 ℃·d。

表 3.25　三明地区不同县(区、市)早春烟和春烟各个生育期的 4 种有效地积温分布　　单位:℃·d

县(区、市)	早春烟生育期				春烟生育期			
	移栽期	伸根期	旺长期	成熟期	移栽期	伸根期	旺长期	成熟期
宁化	46.0	954.4	286.4	1305.8	62.9	644.1	204.8	1475.0
泰宁	45.8	667.8	431.5	1406.7	63.2	551.1	302.2	1760.6
将乐	64.2	489.1	648.0	1477.4	72.3	588.7	653.7	1785.9
建宁	46.4	838.5	611.0	1266.5	56.3	652.8	653.3	1640.1
明溪	56.8	774.3	464.5	1454.1				
≥0 ℃ 有效地积温　沙县	59.9	876.2	380.1	1483.9				
三明	59.8	992.7	382.7	1733.7				
尤溪	61.4	933.8	581.1	1812.8	73.8	904.1	463.8	1985.3
永安	58.7	803.5	479.9	1780.3	73.4	599.0	429.6	1860.1
大田	60.3	971.8	623.1	1397.9				
清流	53.6	650.7	545.7	1302.9	64.0	544.0	395.9	1616.0
平均	55.7	813.9	494.0	1492.9	66.5	640.5	443.3	1731.9
宁化	21.0	579.4	211.4	1030.8	37.9	444.1	154.8	1175.0
泰宁	20.8	392.8	306.5	1106.7	38.2	376.1	227.2	1410.6
将乐	39.2	314.1	473.0	1177.4	47.3	413.7	503.7	1460.9
建宁	21.4	513.5	461.0	1016.5	31.3	452.8	503.3	1340.1
明溪	31.8	499.3	339.5	1154.1				
≥5 ℃ 有效地积温　沙县	34.9	576.2	280.1	1183.9				
三明	34.8	642.7	282.7	1383.7				
尤溪	36.4	608.8	431.1	1462.8	48.8	654.1	363.8	1635.3
永安	33.7	528.5	354.9	1430.1	48.4	424.0	329.6	1510.1
大田	35.3	646.8	473.1	1122.9				
清流	28.6	400.7	395.7	1027.9	39.0	369.0	295.9	1291.0
平均	30.7	518.4	364.5	1190.6	41.5	447.7	339.7	1403.3

县(区、市)		早春烟生育期				春烟生育期			
		移栽期	伸根期	旺长期	成熟期	移栽期	伸根期	旺长期	成熟期
≥8 ℃ 有效地积温	宁化	6.0	354.4	166.4	865.8	22.9	324.1	124.8	995.0
	泰宁	5.8	227.8	231.5	926.7	23.2	271.1	182.2	1200.6
	将乐	24.2	209.1	368.0	997.4	32.3	308.7	413.7	1265.9
	建宁	6.4	318.5	371.0	866.5	16.3	332.8	413.3	1160.1
	明溪	16.8	334.3	264.5	974.1				
	沙县	19.9	396.2	220.1	1003.9				
	三明	19.8	432.7	222.7	1173.7				
	尤溪	21.4	413.8	341.1	1252.8	33.8	504.1	303.8	1425.3
	永安	18.7	363.5	279.9	1220.3	33.4	319.0	269.6	1300.1
	大田	20.3	451.8	383.1	957.9				
	清流	13.6	250.7	305.7	862.9	24.0	264.0	235.9	1096.0
	平均	15.7	341.2	286.7	1009.3	26.5	332.0	277.6	1206.1
≥10 ℃ 有效的积温	宁化		204.4	136.4	755.8	12.9	244.1	104.8	875.0
	泰宁		117.8	181.5	806.7	13.2	201.1	152.2	1060.6
	将乐	14.2	139.1	298.0	877.4	22.3	238.7	353.7	1135.9
	建宁		188.5	311.0	766.5	6.3	252.8	353.3	1040.1
	明溪	6.8	224.3	214.5	854.1				
	沙县	9.9	276.2	180.1	883.9				
	三明	9.8	292.7	182.7	1033.7				
	尤溪	11.4	283.8	281.1	1112.8	23.8	404.1	263.8	1285.3
	永安	8.7	253.5	229.9	1080.3	23.4	249.0	229.6	1160.1
	大田	10.3	321.8	323.1	847.9				
	清流	3.6	150.7	245.7	752.9	14.0	194.0	195.9	966.0
	平均	9.3	223.0	234.9	888.4	16.5	254.8	236.2	1074.7

(2)春烟

由表 3.25 可以得出三明地区不同县(区、市)的春烟各个生育期的 4 种 15 cm 有效地积温分布特征。在≥0 ℃有效地积温中,移栽期 15 cm 有效地积温的平均值是 66.5 ℃·d,最小值是在建宁,为 56.3 ℃·d,最大值是在尤溪,为 73.8 ℃·d;伸根期的 15 cm 有效地积温的平均值为 640.5 ℃·d,最小值是在清流,为 544.0 ℃·d,最大值是在尤溪,为904.1 ℃·d;旺长期的 15 cm 有效地积温的平均值是 443.3 ℃·d,最小值是在宁化,为 204.8 ℃·d,最大值是在将乐,为 653.7 ℃·d;成熟期的 15 cm 有效地积温的平均值是 1731.9 ℃·d,最小值是在宁化,为 1475.0 ℃·d,最大值是在尤溪,为 1985.3 ℃·d。

在≥5 ℃有效地积温中,移栽期 15 cm 有效地积温的平均值是 41.5 ℃·d,最小值是在建宁,为 31.3 ℃·d,最大值是在尤溪,为 48.8 ℃·d;伸根期有效地积温的平均值为 447.7 ℃·d,最小值是在清流,为 369.0 ℃·d,最大值是在尤溪,为 654.1 ℃·d;旺长期有效地积温的平均值是 339.7 ℃·d,最小值是在宁化,为 154.8 ℃·d,最大值是在将乐,为 503.7 ℃·d;成熟期有效地积温的平均值是 1403.3 ℃·d,最小值是在宁化,为 1175.0 ℃·d,最大值是在尤溪,为 1635.3 ℃·d。

在≥8 ℃有效地积温中,移栽期的 15 cm 有效地积温的平均值是 26.5 ℃·d,最小值是在建宁,为 16.3 ℃·d,最大值是在尤溪,为 33.8 ℃·d;伸根期的 15 cm 有效地积温的平均值是 332.0 ℃·d,最小值是在清流,为 264.0 ℃·d,最大值是在尤溪,为 504.1 ℃·d;旺长期的 15 cm 有效地积温的平均值是 277.6 ℃·d,最小值是在宁化,为 124.8 ℃·d,最大值是在将乐,为 413.7 ℃·d;成熟期的 15 cm 有效地积温的平均值是 1206.1 ℃·d,最小值是在宁化,为 995.0 ℃·d,最大值是在尤溪,为 1425.3 ℃·d。

在≥10 ℃有效地积温中,移栽期的 15 cm 有效地积温的平均值是 16.5 ℃·d,最小值是在建宁,为 6.3 ℃·d,最大值是在尤溪,为 23.8 ℃·d;伸根期有效地积温的平均值为 254.8 ℃·d,最小值是在清流,为 194.0 ℃·d,最大值是在尤溪,为 404.1 ℃·d;旺长期的 15 cm 有效地积温的平均值是 236.2 ℃·d,最小值是在宁化,为 104.8 ℃·d,最大值是在将乐,为 353.7 ℃·d;成熟期的 15 cm 有效地积温的平均值是 1074.7 ℃·d,最小值是在宁化,为 875.0 ℃·d,最大值是在尤溪,为 1285.3 ℃·d。

从三明早春烟和春烟的 15 cm 有效地积温的平均值对比来看,在移栽期和成熟期,春烟的平均值要高于早春烟;到了伸根期和旺长期,除≥10 ℃的有效地积温外,其他早春烟的平均值要高于春烟。

3.2.5.3　龙岩烟区烤烟生育期内有效地积温状况

由表 3.26 可以得出龙岩地区不同县(区、市)春烟各个生育期的 4 种 15 cm 有效地积温分布特征。在≥0 ℃有效地积温中,移栽期的 15 cm 有效地积温的平均值是 68.2 ℃·d,最小值是在长汀,为 58.0 ℃·d,最大值是在漳平,为 82.1 ℃·d;伸根期的 15 cm 有效地积温的平均值为 532.3 ℃·d,最小值是在武平北部,为 287.4 ℃·d,最大值是在永定,为 660.3 ℃·d;旺长期的 15 cm 有效地积温的平均值是 710.3 ℃·d,最小值是在永定,为 500.8 ℃·d,最大值是在长汀,为 860.0 ℃·d;成熟期的 15 cm 有效地积温的平均值是 1843.1 ℃·d,最小值是在永定,为 1496.5 ℃·d,最大值是在连城,为 2123.0 ℃·d。

在≥5 ℃有效地积温中,移栽期的 15 cm 有效地积温的平均值是 43.2 ℃·d,最小值是在长汀,为 33.0 ℃·d,最大值是在漳平,为 57.1 ℃·d;伸根期的 15 cm 有效地积温的平均值为 368.0 ℃·d,最小值是在武平北部,为 187.4 ℃·d,最大值是在漳平,为525.6 ℃·d;旺长期的 15 cm 有效地积温的平均值是 531.7 ℃·d,最小值是在永定,为 375.8 ℃·d,最大值是在武平南部和武平北部,为 579.4 ℃·d;成熟期的 15 cm 有效地积温的平均值是 1489.5 ℃·d,最小值是在永定,为 1196.5 ℃·d,最大值是在连城,为 1723.0 ℃·d。

在≥8 ℃有效地积温中,移栽期 15 cm 有效地积温的平均值是 28.2 ℃·d,最小值是在长汀,为 18.0 ℃·d,最大值是在漳平,为 42.1 ℃·d;伸根期的 15 cm 有效地积温的平均值为 269.0 ℃·d,最小值是在武平北部,为 127.4 ℃·d,最大值是在漳平,为405.6 ℃·d;旺长期的 15 cm 有效地积温的平均值是 424.5 ℃·d,最小值是在永定,为 300.8 ℃·d,最大值是在武平南部和武平北部,为 444.4 ℃·d;成熟期的 15 cm 有效地积温的平均值是 1277.3 ℃·d,最小值是在永定,为 1016.5 ℃·d,最大值是在连城,为 1483.0 ℃·d。

表 3.26　龙岩地区不同县(区、市)春烟各个生育期有效地积温分布　　单位:℃·d

	县(区、市)	移栽期	伸根期	旺长期	成熟期
≥0 ℃有效地积温	长汀	58.0	495.6	860.0	2025.8
	连城	68.6	563.8	614.1	2123.0
	上杭	73.4	573.5	725.5	1580.2
	武平南部	58.2	419.7	804.4	1883.8
	漳平	82.1	725.6	662.6	1908.2
	永定	69.0	660.3	500.8	1496.5
	武平北部	68.0	287.4	804.4	1883.8
	平均	68.2	532.3	710.3	1843.1
≥5 ℃有效地积温	长汀	33.0	345.6	660.0	1650.8
	连城	43.6	388.8	464.1	1723.0
	上杭	48.4	398.5	550.5	1280.2
	武平南部	33.2	269.7	579.4	1508.8
	漳平	57.1	525.6	512.6	1558.2
	永定	44.0	460.3	375.8	1196.5
	武平北部	43.0	187.4	579.4	1508.8
	平均	43.2	368.0	531.7	1489.5
≥8 ℃有效地积温	长汀	18.0	255.6	540.0	1425.8
	连城	28.6	283.8	374.1	1483.0
	上杭	33.4	293.5	445.5	1100.2
	武平南部	18.2	179.7	444.4	1283.8

续表

	县(区、市)	移栽期	伸根期	旺长期	成熟期
≥8 ℃有效地积温	漳平	42.1	405.6	422.6	1348.2
	永定	29.0	340.3	300.8	1016.5
	武平北部	28.0	127.4	444.4	1283.8
	平均	28.2	269.4	424.5	1277.3
≥10 ℃有效地积温	长汀	8.0	195.6	460.0	1275.8
	连城	18.6	213.8	314.1	1323.0
	上杭	23.4	223.5	375.5	980.2
	武平南部	8.2	119.7	354.4	1133.8
	漳平	32.1	325.6	362.6	1208.2
	永定	19.0	260.3	250.8	896.5
	武平北部	18.0	87.4	354.4	1133.8
	平均	18.2	203.7	353.1	1135.9

在≥10 ℃有效地积温中,移栽期的 15 cm 有效地积温的平均值是 18.2 ℃·d,最小值是在长汀,为 8.0 ℃·d,最大值是在漳平,为 32.1 ℃·d;伸根期的 15 cm 有效地积温的平均值为 203.7 ℃·d,最小值是在武平北部,为 87.4 ℃·d,最大值是在漳平,为 325.6 ℃·d;旺长期的 15 cm 有效地积温的平均值是 353.1 ℃·d,最小值是在永定,为 250.8 ℃·d,最大值是在武平南部和武平北部,为 354.4 ℃·d;成熟期的 15 cm 有效地积温的平均值是 1135.9 ℃·d,最小值是在永定,为 896.5 ℃·d,最大值是在连城,为 1323.0 ℃·d。

综上所述,早春烟整个烟草生育期内,≥0 ℃有效地积温的分布情况是:在移栽期和伸根期是南平>三明,而在旺长期和成熟期在相反。在≥0 ℃有效地积温中,移栽期内平均值在 50 ℃·d 以上,伸根期在 750～850 ℃·d,旺长期在 450～700 ℃·d,成熟期较高,在 1490 ℃·d 以上。≥5 ℃、≥8 ℃和≥10 ℃的 15 cm 有效地积温的分布规律同上,但是平均值依次减少。

春烟整个烟草生育期内,≥0 ℃有效地积温分布情况是:移栽期和成熟期内南平>龙岩>三明,伸根期内三明>南平>龙岩,旺长期内龙岩>南平>三明。移栽期有效地积温在 60～80 ℃·d;伸根期在 500～650 ℃·d;旺长期在 400～750℃·d;成熟期较高,在 1700～1950 ℃·d。≥5 ℃、≥8 ℃和≥10 ℃的 15 cm 有效地积温的分布规律同上,但是平均值依次减少。

从全省早春烟和春烟的有效地积温的平均值对比来看,南平和三明具有一致性,在移栽期和成熟期,春烟的平均值要高于早春烟;到了伸根期和旺长期,早春烟的平均值大部分要高于春烟。

福建以烤烟为主的耕作制度气象适应性研究

轮作是作物种植制度的一项重要内容,它是耕地用养结合、增加作物产量和提高品质的途径之一。烟稻轮作是指在同一地块上有顺序地轮换种植水稻和烟草作物的种植方式,这种轮作方式对改善土壤理化性状,提高地力和肥效,防治病虫害,尤其是土传病害有着特殊的意义。在病虫害发生严重的烟区,应积极提倡稻烟轮作的种植方式,这是实现持续和稳定增产、保证烟叶质量的有效措施。这一种植模式在福建、湖南、广东等南方烟区得到了大面积推广,已成为解决烟粮争地矛盾、实现烟叶可持续发展和保证烟粮双丰收的重要模式。

4.1 数据与方法

4.1.1 气象指标

烟稻轮作的气候选择性是指当地的气候条件能够同时满足两种作物的生长发育需求,并能保证茬口吻合,两种作物之间不产生争季节的矛盾。因此,当地的温度、光照、降水等资源必须在一定的茬口上分配合理,才能分别满足烤烟生长和水稻生长的需要,既要保证烟叶优良品质的形成,又要保证水稻实现高产。一般来说,地处 28°N 以南、海拔高度 400 m 以下(6 月下旬到 7 月中旬烟叶能落黄成熟)、无霜期在 280 d 以上、年降雨量达 1500~1700 mm、活动积温达 5100~5400 ℃·d、水热资源充足的地区和地带都可推广烟稻轮作制。

优质烤烟生产一般要求大田生育期在 120 d 以上,移栽期气温在 12 ℃ 以上,伸根期在 18~28 ℃,旺长期在 20~28 ℃,成熟期在 20~25 ℃,稳定通过日平均气温 ≥20 ℃ 的天数(保证率在 80% 以上)不少于 50 d;要求伸根期降水量为 80~100 mm,旺长期为 100~200 mm,成熟期为 150~200 mm,日照时数为 500~600 h,其中成熟期日照百分率在 40% 以上,相对湿度为 70%~80%。部分地区为了保证前季烤烟的正常成熟采烤,为后季水稻腾出茬口,而把烤烟移栽期提前,这就必须满足3 个条件:一是移栽期气温稳定通过 13 ℃ 的保证率必须达到 80% 以上,否则容易出现低温诱导早花现象。二是烤烟成熟期的降水和光照问题。烟稻轮作区灌溉条件一般都能保障,因此移栽期用水和旺长期用水不是阻碍烤烟生长的主要因子。烟叶成熟期仍需要一定的水分供应,对提高烟叶生长后期田间耐熟度起到了重要作用。但过度的降水容易导致氮素不断释放,使烟株贪青晚熟,不利于采烤工作的进行。烤烟移栽期提前,成熟期也相对提前,若成熟期遇到频繁的降水,将不利于烟叶后期的落黄成熟。同时过多的降雨降低了日照百分率,影响烤烟优良品质的形成。三是成熟期的气温问题。移栽期推后,可能导致烤烟成熟期遭遇高温季节,部分产区可能会遭遇"火南风"的危害,产生高温逼熟现象,不利于烟叶的正常成熟。加之成熟期降水频繁,高温、高湿为病虫害的蔓延提供了有利的条件。

烟稻轮作是否能够成功,还要看后季水稻是否能够正常生长,这是产量形成的保证。水稻的生长对气温的一般要求为:播种期气温在 10 ℃以上,分蘖期在 15 ℃以上,抽穗开花期适宜温度为 25～32 ℃,灌浆结实期要求日平均气温在 23～28 ℃。烟稻轮作模式中水稻的前期生长基本在 7—8 月,此时期的气温完全能够满足水稻的前期生长。水稻产量形成最大的障碍因子是水稻生长后期抽穗扬花期的气温,即水稻安全齐穗期的温度。如果水稻播种太晚或者插秧太晚,抽穗扬花期间遭遇日平均气温≤20 ℃或者≤23 ℃连续超过 3 d 时,即寒露风的危害,可使水稻开花授粉不良,灌浆受阻,空粒、半空粒、黑粒增多,甚至出现"包颈穗"现象,使产量大幅度下降。未抽穗的水稻也会因干风或低温的影响而产生干叶现象,使稻株后期生长发育不良,而造成减产。

结合烤烟成熟期对气温的要求,这就要求从前季烤烟下部叶成熟采收至后季水稻安全齐穗期间日平均气温≥20 ℃或者≥23 ℃,才能保证烟稻轮作的成功。正常生产条件下,除了满足上述气候需求外,这是决定烟稻轮作能否成功的关键因素。

4.1.2　气象灾害指标

烤烟早花:在烤烟移栽至团棵期间,当气温低于 13 ℃且持续 7 d 以上,将导致早花现象的发生(熊贤旺,1983)。

寒露风是双季晚稻抽穗扬花期,因低温造成抽穗扬花受阻、空壳率增加的一种灾害天气。主要发生时段:9 月 11 日—10 月 10 日。指标:23 型秋寒为日平均气温≤23 ℃,持续≥3 d,或日平均气温≤23 ℃,持续 2 d,且其中有 1 d 极端最低气温≤16 ℃,属于轻度;20 型秋寒为日平均气温≤20 ℃,持续≥3 d,或日平均气温≤20 ℃,持续 2 d,且其中有 1 d 极端最低气温≤16 ℃。

4.1.3　气象数据

本文使用的福建省气象数据来自福建省气象局,时间周期是 1971—2014 年 1—7 月。使用的数学统计方法是多年平均值、极值的计算,候气候数据值是指 5 d 内的平均值。使用数理统计方法,并用 Excel 表格进行分析。

4.2　结果与分析

4.2.1　晚稻秋寒的气象条件分析

4.2.1.1　秋寒的气候特征

据有关研究(陈惠 等,2006)表明,福建秋寒主要是 20 型和 23 型两种,发生在 9—10 月。20 型秋寒针对耐寒的粳稻型品种,23 型秋寒针对杂优稻。表 4.1 和表 4.2 分别为闽北和闽西的秋寒发生特征。秋寒发生与否及危害程度不仅与当年秋寒时间迟早有关,还与当年降温强度、持续天数、是否有回暖过程以及秋寒到来前气温是否正常都有关系。由于福建省双季晚稻有 70% 为杂优稻,因此更应重视各地 23 型秋寒的防御。

表 4.1　各地 20 型秋寒发生特征

	频次(次)			频次变化(次)	平均日期	初终日变化(d)		
	1961—1990 年	1991—2000 年	2001—2004 年	1991—2004 年	1961—1990 年	1991—2000 年	2001—2004 年	1991—2004 年
闽北	2.7	−1.7	−0.2	−1.3	10 月 5 日	6	0	4
闽西	2	−1	3	0.1	10 月 18 日	7	3	4

表 4.2　各地 23 型秋寒发生特征

	频次(次)			频次变化(次)	平均日期	初终日变化(d)		
	1961—1990 年	1991—2000 年	1991—2004 年	1991—2004 年	1961—1990 年	1991—2000 年	2001—2004 年	1991—2004 年
闽北	3	1	−0.5	0.6	9 月 22 日	−4	−1	−3
闽西	4	0	1	0.3	9 月 28 日	5	1	4

20 型秋寒的发生频次为闽北大于闽西,闽北为 2.7 年一遇,闽西为 2 年一遇。23 型秋寒发生频次闽西强于闽北,闽北为 3 年一遇,闽西为 4 年一遇。

统计秋寒各年代发生频次时,按此等级规定秋寒来临偏早年的记为 1,其他为 0。为了便于比较,1961—1990 年、1991—2000 年、2001—2004 年发生频次变化栏中数据均指每 10 年的发生次数。20 世纪 90 年代以后平均发生频次除了 23 型秋寒稍有增加外,其他为减少。20 世纪 90 年代以后 20 型秋寒闽西增加、闽北减少。23 型秋寒 20 世纪 90 年代以后闽北和闽西偏早的频次增加,其中闽西 21 世纪后两次来临偏早,为增加趋势。

秋季连续 3 d ≤20 ℃或≤23 ℃的第一天分别为 20 型或 23 型秋寒的初始日,秋寒初始日的前一天为双季晚稻的安全齐穗期。统计全省 67 个气象站 1961—1990

年、1991—2000 年、2001—2004 年不同年代发生 20 型和 23 型秋寒初始日见表 4.1
和表 4.2。20 世纪 90 年代以后,20 型和 23 型秋寒均推迟,平均推迟 4 d,既粳稻型
双季晚稻安全齐穗期推迟 4 d,23 型秋寒闽北提前,闽西推迟。

　　从秋寒发生的初始日来看,20 型秋寒闽北初始日为 10 月 5 日,闽西为 10 月 18
日;23 型秋寒闽北初始日为 9 月 22 日,闽西为 9 月 28 日。总体来看,23 型秋寒要早
与 20 型秋寒,早 1~2 旬;从区域来看,秋寒发生的时间闽北要早于闽西,与北方冷空
气南下有关,偏早 6~13 d。

4.2.1.2　秋寒对晚稻种植的影响

　　为了保证晚稻种植能够安全齐穗,就要合理地安排种植时间。根据上面的分析,
粳稻型和杂优稻型的齐穗时间是不同的,应给予针对性的合理安排。

　　应注意秋寒的发生频次,不发生的情况下,可以适当地推迟播种。

　　如果发生秋寒,总体来说,粳稻型闽北为 10 月 5 日,闽西为 10 月 18 日;杂优稻,
闽北为 9 月 22 日,闽西为 9 月 28 日。在种植结构布局上,一般应按照这个时间节点
进行安排。如果时间来得及,就播种杂优稻,品质好,但是对气候条件要求会高。时
间来不及,则安排中粳稻,相对而言,遭遇寒露风的危险减少。

4.2.1.3　晚稻最佳移栽期的确定

　　根据农业气象试验站的统计数据(表 4.3),晚稻从移栽到抽穗结束,大约需要 2
个月,移栽过晚,则遭遇寒露风的可能性大大增加,不利于晚稻的抽穗扬花,造成空秕
率增加,产量减少。

表 4.3　不同品种晚稻的生育期过程

品种名称	播种	出苗	三叶	移栽	返青	分蘖	拔节	孕穗	抽穗	乳熟	成熟
汕优016	7月3日	7月5日	7月14日	8月5日	8月8日	8月15日	9月2日	9月14日	9月20日	10月2日	10月30日
威优77	6月29日	7月2日	7月10日	8月6日	8月10日	8月16日	8月28日	9月14日	9月21日	10月8日	11月3日
汕优0216	7月5日	7月8日	7月14日	7月26日	7月28日	8月4日	8月18日	9月6日	9月15日	9月28日	10月13日
汕优77	7月7日	7月12日	7月20日	8月5日	8月8日	8月30日	9月14日	9月23日	10月3日	10月29日	
汕优82	6月21日	6月23日	7月2日	7月17日	7月20日	7月26日	8月12日	8月28日	9月5日	9月17日	10月11日
汕优82	6月24日	6月25日	7月2日	7月14日	7月18日	7月26日	8月18日	8月28日	9月7日	9月18日	10月14日

续表

品种名称	播种	出苗	三叶	移栽	返青	分蘖	拔节	孕穗	抽穗	乳熟	成熟
汕优晚3	6月19日	6月22日	6月29日	7月13日	7月16日	7月22日	8月10日	9月4日	9月14日	9月21日	10月11日
特优73	6月11日	6月14日	6月24日	7月7日	7月10日	7月18日	8月12日	9月4日	9月12日	9月24日	10月21日
金洛	6月24日	6月27日	7月8日	7月23日	7月27日	8月2日	8月16日	9月6日	9月16日	9月28日	10月29日

根据福建省闽西、闽北不同寒露风发生的规律特征,结合晚稻生育期(表4.3),可以将晚稻移栽期的分成如下情况:

(1)粳稻型

粳稻型为20型秋寒,发生的时间较晚,故而粳稻型晚稻的移栽期也较迟。粳稻一般闽北不迟于8月5日,闽西则更晚一些,应不迟于8月18日。

(2)杂优稻型

杂优稻主要是受到23型秋寒的影响,发生的时间早,因而杂优稻的移栽期应适当提前。杂优稻一般闽北不迟于7月22日,闽西则应不迟于7月28日。

4.2.2　烤烟移栽期气象条件分析

4.2.2.1　南平烤烟移栽期气象条件分析

烤烟移栽期的主要气象灾害是低温阴雨,易造成早花现象。为了防止这样的灾害出现,需要等气温稳定通过10 ℃以上再进行移栽。

(1)8 ℃界限

表4.4是1—3月南平地区各县(区、市)候平均气温分布。从近54年的气温数据来看,1月南平地区大部分县(区、市)旬平均气温在6.1～10.5 ℃,只有南平全月、顺昌和建瓯的中下旬温度超过了8 ℃。即使有部分年份某旬气温达到8 ℃,甚至10 ℃以上,但晴好天气不能持续,很容易遭受寒流的影响进入低温状态。这样的热量条件对烟苗的移栽是不利的。

2月从第3候开始,平均气温都稳定达到了8 ℃以上,有的甚至达到了10 ℃以上。

表4.4　1—3月南平地区各县(区、市)候平均气温分布　　　　　单位:℃

月	候	光泽	邵武	武夷	浦城	建阳	松溪	建瓯	南平	顺昌	政和	平均值
1	1	6.2	6.9	7.3	6.4	7.2	7.3	7.6	8.7	7.6	7.9	7.3
1	2	6.4	7.2	7.4	6.3	7.4	7.2	7.8	8.9	7.8	7.8	7.4
1	3	6.1	6.9	7.2	6.1	7.1	7.1	8.2	9.5	8.2	7.7	7.4

续表

月	候	光泽	邵武	武夷	浦城	建阳	松溪	建瓯	南平	顺昌	政和	平均值
1	4	6.1	6.8	7.2	6.2	7.1	7.1	8.9	10.3	8.9	7.8	7.6
1	5	6.8	7.5	7.8	6.8	7.8	7.8	9.2	10.5	9.2	8.2	8.1
1	6	6.6	7.5	7.7	6.7	7.8	7.7	7.9	9.0	7.8	8.4	7.7
2	1	6.5	7.3	7.5	6.5	7.6	7.5	9.0	9.9	9.0	10.0	8.1
2	2	7.8	8.5	8.7	7.7	8.9	8.8	10.6	11.4	10.3	10.3	9.3
2	3	8.9	9.3	9.5	8.7	9.6	9.6	9.3	10.4	9.3	10.1	9.5
2	4	8.9	9.6	9.7	8.7	10.0	9.9	10.3	11.4	10.1	9.2	9.8
2	5	9.6	10.1	10.2	9.4	10.6	10.4	11.4	12.3	11.2	9.8	10.5
2	6	9.7	10.2	10.3	9.4	10.6	10.4	11.9	12.8	11.7	10.2	10.7
3	1	10.0	10.7	10.8	10.1	11.1	11.0	13.8	14.3	13.7	11.6	11.7
3	2	11.1	11.5	11.6	10.9	11.9	11.8	13.9	14.5	13.9	12.4	12.3
3	3	12.3	12.7	12.6	12.0	12.9	12.8	13.4	14.1	13.3	13.6	13.0
3	4	13.3	13.6	13.6	13.0	13.9	13.8	13.7	14.5	13.5	14.3	13.7
3	5	12.9	13.4	13.3	12.7	13.8	13.5	14.6	15.5	14.4	14.0	13.8
3	6	14.1	14.4	14.4	14.0	14.7	14.7	13.9	14.5	13.6	15.1	14.4

(2)10 ℃界限

1 月和 2 月前 4 候,南平地区候平均气温均在 10 ℃以下,从 2 月第 5 候开始气温上升,达到了 10 ℃以上,较好地符合烟苗的生长条件。各县(区、市)达到 10 ℃时间有早有晚,热量较好的县(区、市)有南平、建瓯、顺昌和政和出现在 2 月第 2 候,其他都出现在 2 月的第 4 候、第 5 候。

表 4.5 是 2 月下旬南平地区各县(区、市)平均气温 10 ℃以上的保证率和风险率分布。可以看出,在这 54 年的统计当中,2 月下旬平均气温 10 ℃以上的保证率和风险率,风险较大的县(区、市)是光泽、邵武和浦城,风险率都达到了 50%以上,而建瓯、松溪、顺昌和南平市区等风险较低,为 30%左右。

表 4.5　2 月下旬南平地区各县(区、市)平均气温 10 ℃以上的保证率和风险率分布　单位:%

县(区、市)	光泽	邵武	武夷	浦城	建阳	松溪	建瓯	南平	顺昌	平均值
年数	20	25	28	18	29	37	41	37	36	30.11
保证率	37.04	46.30	51.85	33.33	53.70	68.52	75.93	68.52	66.67	55.76
风险率	62.96	53.70	48.15	66.67	46.30	31.48	24.07	31.48	33.33	44.24

从近 30 年 1 月至 3 月上旬的 15 cm 地温数据(表 4.6)来看,1 月南平地区的 15 cm 地温在 7.1～12.5 ℃,除光泽外,其他县(区、市)地温超过了 8.5 ℃。2 月南

平地区 15 cm 地温基本都稳定达到了 9 ℃以上,大部分达到了 10 ℃以上,但是仍有冷空气影响,出现局部低于 8 ℃的现象。3 月上旬南平 15 cm 地温都稳定达到了 10 ℃以上,大部分达到了 12 ℃以上,出现局部高于 15 ℃的地温。

表 4.6　1 月至 3 月上旬南平地区各县(区、市)候 15 cm 地温分布　　　　　　单位:℃

月	候	光泽	邵武	武夷	浦城	建阳	松溪	建瓯	南平	顺昌	政和	平均值
1	1	7.5	9.7	10.6	9.7	10.3	9.6	9.9	9.9	11.4	9.9	9.8
1	2	7.1	9.6	10.6	9.2	9.9	9.3	9.3	9.5	9.6	10.0	9.4
1	3	7.6	9.4	10.4	9.1	10.0	9.5	11.2	11.4	11.3	10.2	10.0
1	4	7.8	9.1	10.1	8.9	9.9	9.4	11.8	12.4	12.5	10.4	10.2
1	5	7.6	9.2	10.0	8.9	10.1	9.4	12.0	12.2	12.3	10.4	10.2
1	6	8.0	9.3	9.9	8.8	9.4	9.2	11.0	11.0	10.6	10.5	9.9
2	1	9.0	9.4	10.6	9.2	10.5	10.3	12.2	12.2	12.7	12.0	10.8
2	2	9.2	10.4	11.0	9.9	11.4	11.1	8.3	7.4	7.8	10.8	9.7
2	3	9.4	11.0	11.5	10.5	11.6	10.8	11.7	12.1	11.3	11.5	11.1
2	4	9.2	11.1	11.6	10.5	11.8	11.1	12.2	12.5	12.6	11.7	11.4
2	5	11.5	11.7	12.5	11.3	12.4	12.1	13.2	13.2	12.0	12.5	12.2
2	6	11.4	12.1	12.6	11.5	12.1	11.9	13.6	13.9	13.6	13.1	12.6
3	1	11.0	12.3	13.1	11.7	12.9	13.0	15.1	15.1	16.2	13.3	13.4
3	2	11.2	12.8	13.2	12.2	13.3	12.7	12.3	12.5	12.6	13.1	12.6

4.2.2.2　三明烤烟移栽期气象条件分析

(1)8 ℃界限

表 4.7 是 1—3 月三明地区各县(区、市)候平均气温分布。从近 54 年的气温数据来看,1 月第 1 候三明地区平均气温就达到 8 ℃之上,只有西部的宁化、泰宁、建宁、明溪和清流气温较低,不足 8 ℃,它们中大多到 2 月第 1 候或 2 候才达到 8 ℃,晚近一个月时间。

表 4.7　1—3 月三明地区各县(区、市)候平均气温分布　　　　　　单位:℃

月	候	宁化	泰宁	将乐	建宁	明溪	沙县	三明	尤溪	永安	大田	清流	平均值
1	1	6.9	6.1	8.5	5.4	7.8	9.0	9.4	9.1	9.2	9.5	7.2	8.0
1	2	7.1	6.4	8.7	5.7	8.1	9.3	9.7	9.3	9.5	9.9	7.5	8.3
1	3	6.8	6.1	8.5	5.3	7.7	9.0	9.4	9.0	9.2	9.7	7.3	8.0
1	4	6.8	6.1	8.5	5.4	7.7	9.1	9.3	9.2	9.2	9.7	7.3	8.0
1	5	7.3	6.6	9.0	5.9	8.3	9.7	9.8	9.9	9.9	10.3	7.7	8.6
1	6	7.3	6.6	9.0	5.8	8.3	9.7	9.8	9.9	9.9	10.3	7.7	8.6

续表

月	候	宁化	泰宁	将乐	建宁	明溪	沙县	三明	尤溪	永安	大田	清流	平均值
2	1	7.3	6.5	8.8	5.9	8.2	9.4	9.7	9.5	9.7	10.0	7.7	8.4
2	2	8.5	7.8	10.1	7.1	9.4	10.7	10.9	10.7	11.0	11.1	8.9	9.7
2	3	9.4	8.7	10.8	8.2	10.1	11.5	11.7	11.5	11.7	11.9	9.8	10.5
2	4	9.6	8.9	11.2	8.2	10.6	12.0	12.1	12.0	12.3	12.4	10.1	10.9
2	5	10.3	9.6	11.7	9.0	11.1	12.2	12.6	12.4	12.7	12.8	10.7	11.4
2	6	10.2	9.6	11.6	9.0	10.9	12.2	12.3	12.0	12.4	12.2	10.5	11.2
3	1	10.8	10.0	12.2	9.5	11.6	12.9	13.2	13.0	13.2	13.2	11.1	11.9
3	2	11.6	10.9	12.8	10.4	12.3	13.5	13.7	13.3	13.7	13.7	12.0	12.5
3	3	12.9	12.1	14.0	11.9	13.4	14.6	14.8	14.4	14.9	14.9	13.3	13.8
3	4	14.0	12.1	15.0	12.9	14.4	15.7	15.7	15.4	16.0	15.7	14.3	14.7
3	5	13.5	12.8	14.8	12.4	14.2	15.5	15.5	15.4	15.8	15.8	13.9	14.5
3	6	14.7	13.9	15.6	13.7	15.1	16.3	16.3	16.0	16.5	16.3	15.0	15.4

(2)10 ℃ 界限

2月第3候三明地区的平均气温稳定达到10 ℃之上,大田则更早一些,在1月第5候其平均气温就达到了10 ℃,宁化、泰宁、建宁则没有达到10 ℃,推迟了1~4候不等。

表4.8是2月中旬三明地区平均气温10 ℃以上的保证率和风险率分布。在这54年的统计当中,2月中旬平均气温10 ℃以上的保证率和风险率,风险较大的县(区、市)是宁化、泰宁、建宁,风险率都达到了50%以上,而其他县(区、市)大部风险较低,为30%以下。

表4.8　2月中旬三明地区各县(区、市)平均气温10 ℃以上的保证率和风险率分布　　单位:%

县(区、市)	宁化	泰宁	将乐	建宁	明溪	沙县	三明	尤溪	永安	大田	清流	平均值
年数	25	19	32	15	29	29	40	38	39	39	41	31.45
保证率	46.30	35.19	59.26	27.78	53.70	53.70	74.07	70.37	72.22	72.22	75.93	58.25
风险率	53.70	64.81	40.74	72.22	46.30	46.30	25.93	29.63	27.78	27.78	24.07	41.75

从近30年的1月至3月上旬气温数据(表4.9)来看,1月三明地区的15 cm 地温在7.7~12.6 ℃,除建宁外,其他县(区、市)地温超过了9 ℃,像尤溪、永安、大田等基本都在12 ℃以上。2月南平地区15 cm 地温基本都稳定达到了10 ℃以上,大部分达到了12 ℃以上。3月第1候和第2候南平地区15 cm 地温基本都稳定达到了12 ℃以上,大部分达到了14 ℃以上。

从县(区、市)分布来看,15 cm 地温比较低的县(区、市)是宁化、泰宁、清流、建宁,1—2 月的地温基本为 9 ℃左右,其他县(区、市)则高于 10 ℃。

表 4.9　1 月至 3 月上旬三明地区各县(区、市)候 15 cm 地温分布　　　　　单位:℃

月	候	宁化	泰宁	将乐	建宁	明溪	沙县	三明	尤溪	永安	大田	清流	平均值
1	1	10.4	10.1	11.7	8.4	11.6	11.8	11.8	12.1	12.4	12.6	9.9	11.2
1	2	9.8	9.7	11.2	7.3	11.1	11.5	11.5	12.1	12.2	12.4	9.1	10.7
1	3	9.8	9.6	11.5	7.9	11.4	11.6	11.6	12.1	12.1	12.3	9.4	10.8
1	4	9.7	9.4	11.8	8.2	11.6	11.9	12.0	12.3	11.9	12.2	9.7	11.0
1	5	9.2	9.1	11.6	7.7	11.4	11.9	11.9	12.6	11.9	12.1	9.6	10.8
1	6	9.3	8.9	11.6	8.0	11.4	11.9	11.9	12.6	11.7	12.1	9.6	10.8
2	1	10.0	9.6	12.8	9.7	12.6	13.0	13.1	13.5	12.3	12.8	11.1	11.9
2	2	10.8	10.5	13.3	10.0	13.3	13.8	13.7	14.2	13.1	13.4	11.6	12.5
2	3	11.1	11.2	12.8	9.7	12.6	13.3	13.0	13.8	13.5	13.6	10.8	12.3
2	4	10.9	12.1	12.8	9.5	12.6	13.2	12.9	13.7	13.5	13.5	10.9	12.3
2	5	11.6	11.8	14.3	11.9	14.2	14.8	14.5	15.1	14.4	14.1	13.1	13.6
2	6	11.6	12.1	14.7	11.8	14.6	14.9	14.4	15.2	14.4	14.1	13.0	13.7
3	1	11.6	12.1	14.3	11.3	14.5	15.0	15.5	14.5	14.3	12.6	13.6
3	2	12.5	12.7	13.8	11.1	13.7	14.2	13.6	14.5	14.9	14.6	12.2	13.4

4.2.2.3　龙岩烤烟移栽期气象条件分析

从表 4.10 可见,龙岩地区的 7 个县(区、市)中,像上杭、漳平、龙岩市区和永定热量条件良好,均在 1 月第 1 候达到 10 ℃的气温界限。长汀、连城处于北部,地理纬度高,受冷空气影响大,热量条件最差,平均气温较低,在 2 月上旬第 2 候、第 3 候才达到 10 ℃以上。武平介于两者之间,在 1 月第 5 候达到 10 ℃。

分析以下这 3 类县(区、市)平均气温 10 ℃以上为保证率和风险率(表 4.11)可得出,龙岩地区的平均风险率为 39.42%,风险率为 27.78%～50%,其中上杭风险最高,漳平风险最低。

表 4.10　1—3 月龙岩地区各县(区、市)候平均气温分布　　　　　单位:℃

月	候	长汀	连城	上杭	龙岩	武平	漳平	永定	平均值
1	1	7.8	8.8	10.1	11.2	9.6	11.1	10.7	10.3
1	2	8.0	9.1	10.4	11.6	9.8	11.4	10.8	10.5
1	3	7.8	8.8	10.3	11.3	9.6	11.2	10.8	10.3
1	4	7.8	8.8	10.1	11.3	9.5	11.3	10.8	10.3
1	5	8.2	9.3	10.7	11.9	10.1	11.9	11.4	10.9
1	6	8.1	9.2	10.5	11.8	9.9	11.9	11.2	10.8

续表

月	候	长汀	连城	上杭	龙岩	武平	漳平	永定	平均值
2	1	8.2	9.3	10.5	11.7	10.1	11.9	11.3	10.8
2	2	9.4	10.4	11.6	12.6	11.2	12.9	12.4	11.9
2	3	10.2	11.2	12.6	13.4	12.1	13.7	13.3	12.7
2	4	10.6	11.7	13.0	13.8	12.5	14.2	13.7	12.1
2	5	11.1	12.2	13.3	14.1	12.8	14.5	14.0	13.5
2	6	10.9	11.8	12.9	13.6	12.4	14.0	13.6	13.0
3	1	11.6	12.6	13.7	14.4	13.3	14.8	14.3	13.8
3	2	12.5	13.4	14.6	15.0	13.9	15.3	15.1	14.5
3	3	13.7	14.5	15.6	16.0	15.0	16.3	16.0	15.6
3	4	14.8	15.5	16.6	16.8	16.0	17.1	16.9	16.5
3	5	14.3	15.1	16.3	16.7	15.8	17.1	16.9	16.3
3	6	15.4	16.2	17.3	17.3	16.7	17.8	17.6	17.1

表 4.11 龙岩地区各县(区、市)平均气温 10 ℃以上的保证率和风险率分布 单位:%

县(区、市)	长汀	连城	武平	上杭	漳平	龙岩	永定	平均值
年数	30	35	28	27	39	38	32	32.71
保证率	55.56	64.81	51.85	50.00	72.22	70.37	59.26	60.58
风险率	44.44	35.19	48.15	50.00	27.78	29.63	40.74	39.42

从表 4.12 看来,平均气温通过 10 ℃后,各个年份的变化十分显著。其最大值均在 15 ℃以上,最高值达到了 19 ℃;而最小值甚至不足 5 ℃,均在 8 ℃以下,平均年较差 10.9 ℃。

表 4.12 龙岩通过平均气温 10 ℃的年较差分布 单位:℃

县(区、市)	长汀	连城	武平	上杭	漳平	龙岩	永定	平均值
最大值	17.5	19.0	16.1	15.0	16.2	16.1	15.4	16.5
最小值	4.1	5.1	4.5	4.8	7.4	6.6	6.7	5.6
年较差	13.4	13.9	11.6	10.3	8.8	9.5	8.7	10.9

从表 4.13 可见,龙岩地区的各县(区、市)中,1 月 15 cm 地温热量条件良好,均在 1 月第 1 候达到 10 ℃的气温界限,龙岩达到了 15 ℃以上。从县(区、市)分布来看,以龙岩、永定、上杭地温最高,其他县(区、市)较差一些。

表 4.13　1 月至 2 月上旬龙岩地区各县(区、市)候 15 cm 地温分布　　　单位：℃

月	候	长汀	连城	上杭	龙岩	武平	永定	平均值
1	1	11.7	12.7	13.8	15.1	12.6	14.9	13.1
1	2	11.3	11.7	13.3	14.8	11.5	14.7	12.6
1	3	10.7	10.9	12.9	14.5	10.6	14.5	12.0
1	4	11.2	11.3	13.3	14.7	11.5	14.7	12.4
1	5	11.0	12.5	13.1	14.4	12.5	14.5	12.8
1	6	10.9	12.4	13.3	15.1	12.7	14.9	12.9
2	1	10.6	13.2	12.7	14.9	13.4	15.1	12.8
2	2	11.0	11.5	12.7	14.6	12.3	14.8	12.4

4.2.3　气象条件对烤烟移栽期影响

(1)气象灾害的要求

对于烤烟生长来说,太早移栽容易发生冷害,影响烟株早期生长。根据土温明显高于气温的规律,采用深栽的方式可以充分利用土壤较高、较恒定的温度条件,保障烟株早期生长。如果采用膜下移栽的方式,对烟株早期生长和中下部烟叶质量的提高有积极意义。

对于清香型烤烟来说,通过气象分析得出,7 月后气温较高,日照充足,降水减少,对于清香型品质形成不利,应较早地收获,故而要提前移栽较好。

(2)烟稻轮作的要求

从晚稻移栽期来看,为了能够能尽可能地避免寒露风的危害,要提早移栽晚稻。从晚稻需要的移栽日期来看,烤烟需在 7 月上旬左右完成收获,基本可以满足杂优稻的移栽条件;粳稻型则更晚一些,要求更低。

4.2.4　最佳移栽期确定

4.2.4.1　实际移栽期

烤烟的基本生育期过程分为早春烟和春烟两种来进行分析。

从统计的各县(区、市)常规种植时间来看(表 4.14),以翠碧一号为代表的早春烟,一般在 1 月下旬到 2 月初进行移栽,闽西部分县(区、市)最早可以在 1 月初进行移栽,一般在 6 月下旬就完成了采收烟叶工作。以云烟 87 为代表的春烟,在 2 月中旬到 3 月上旬进行移栽,闽西部分县(区、市)可以最早到 1 月上中旬进行移栽,一般 6 月中下旬就可以采收完毕,最迟可以推迟到 7 月中旬采收完毕。

表 4.14 不同县（区、市）春烟生育期分布

产烟地	品种	播种时间	移栽	开盘	团棵	现蕾	下部叶采收	中部叶采收	上部叶采收
长汀	云烟87	12月1-5日	2月20-28日	3月5-10日	3月25日-4月5日	5月1-10日	5月15日-6月5日	6月5-20日	6月20-30日

品种	播种时间	移栽	开盘	团棵	现蕾	下部叶采收	中部叶采收	上部叶采收	终采
CB-1	11月1-3日	1月25日-2月2日	2月25日-3月2日	3月25-30日	4月20-25日	5月15-20日	6月1-5日	6月20-25日	6月30日
CB-1	11月1-8日	1月3日-2月5日	3月10-15日	3月28日-4月4日	4月25日-5月5日	5月15-25日	5月30日-6月10日	6月15-20日	6月23日-7月5日
云烟87	11月25日-12月1日	2月26日-3月1日	3月20-27日	4月10-16日	4月21-28日	5月25日-6月1日	6月11-17日	6月25-30日	7月5-12日

产烟地	品种	播种时间	移栽	开盘	团棵	现蕾	下部叶采收	中部叶采收	上部叶采收	终采
建宁	云烟87	12月1-5日	3月5-10日	4月上旬	4月中旬	5月中旬	5月下旬至6月上旬	6月中下旬	7月上旬	7月中旬
建宁	CB-1	11月1-5日	1月28日-2月10日	3月中旬	4月上旬	5月上旬	5月下旬	6月中上旬	6月中下旬	6月下旬

产烟地	品种	播种时间	移栽	开盘	团棵	现蕾	下部叶采收	中部叶采收	上部叶采收	终采
上杭	云烟87	11月25日	2月5日	3月3日	4月20日	4月25日	5月10日	6月1日	6月25日	
	闽烟38	11月25日	2月5日	3月3日	4月20日	4月25日	5月10日	6月1日	6月25日	
	FL8f	10月25日	1月5日	2月25日	4月15日	4月25日	5月10日	6月1日	6月20日	

4.2.4.2　最佳移栽期

　　根据稳定通过 5 ℃的日平均气温分布,分析早春烟的最佳移栽期。根据候平均气温分布情况可知,闽北和闽西的县(市)基本都能在 1 月第 1 候就能达到 5 ℃的指标。从 15 cm 地温来看,在 1 月第 1 候,闽北除光泽气温较低,为 7.5 ℃外,其他县(市)基本都达到了或者接近 10 ℃的标准。而三明和龙岩地区的各县(市)15 cm 地温则基本上比闽北高出 1～3 ℃或以上,更适合提早移栽。由此看来,早春烟的移栽期可以适当提前。

　　根据稳定通过 10 ℃的日平均气温分布,分析春烟的最佳移栽期如下:南平地区从 2 月第 4 候开始,全地区平均气温都稳定达到了 10 ℃以上,光泽和浦城略晚 1～2候。三明地区 2 月第 3 候全地区平均气温达到 10 ℃之上,只有西部的宁化、泰宁、建宁和清流气温较低,推迟了 1～3 候不等。龙岩地区 1 月第 1 候平均气温就达到10 ℃之上,上杭、漳平、龙岩市区和永定热量条件良好,均在 1 月第 1 候就达到了10 ℃的气温界限。而 15 cm 地温从 1 月第 1 候就达到了 10 ℃的条件。可以看出,南平和三明西部的宁化、泰宁、建宁和清流气温较低,不足 10 ℃,到 2 月第 5～6 候才达到 10 ℃,而龙岩地区某些县(市)在 1 月第 1 候平均气温就达到 10 ℃之上,长汀、连城和武平等县(市)推迟 1～4 候,符合移栽的基本气象条件。

　　根据稳定通过 8 ℃的日平均气温分布,分析早春烟的最佳移栽期如下:南平地区从 2 月第 3 候开始,平均气温都稳定达到了 8 ℃以上,有的甚至达到了 10 ℃以上。三明地区的 1 月第 1 候平均气温就达到 8 ℃之上,只有西部的宁化、泰宁、建宁和清流气温较低,不足 8 ℃,到 2 月的第 1 候或第 2 候才达到 8 ℃,晚了近一个月时间。龙岩地区 1 月第 1 候平均气温就达到 8 ℃之上,像上杭、漳平、龙岩市区和永定热量条件良好,均在 1 月第 1 候就达到了 10 ℃的气温界限。而 15 cm 地温从 1 月第 1 候就达到了 8 ℃的条件。可以看出,南平和三明西部的宁化、泰宁、建宁和清流气温较低,不足 8 ℃,到 2 月第 1 候或第 2 候才达到 8 ℃,而三明其他县(市)和龙岩则在 1月第 1 候平均气温就达到 8 ℃之上,符合移栽的基本气象条件。

4.2.5　气象适应性耕作制度

　　综合烤烟和晚稻生育期内的气象条件特征,为了避免烤烟和晚稻的气象灾害的影响,合理安排移栽期,达到增产优质的效果,优化烟稻轮作耕作制度,其主要对策有:

4.2.5.1　烤烟移栽期

　　早春烟的最佳移栽期:采用深栽移栽方式条件下,龙岩南部早春烟可在 1 月第 1候进行移栽,其余烟区可在 1 月中下旬移栽。

　　春烟的最佳移栽期:采用深栽移栽方式条件下,南平和三明西北部的宁化、泰宁、建宁和清流最迟在 2 月第 4—6 候移栽;而三明的其他县(市)和龙岩北部的连城、长汀则在 2 月上中旬进行移栽;龙岩南部的上杭、永定可在 1 月上中旬移栽。

4.2.5.2　晚稻移栽

烤烟按最佳移栽期移栽后,基本可以在 6 月底和 7 月初完成采收,为合理安排晚稻的移栽提供了条件。

(1)粳稻型

粳稻一般闽北不迟于 8 月 5 日,闽西则更晚一些,应不迟于 8 月 18 日。

(2)杂优稻型

杂优稻一般闽北不迟于 7 月 22 日,闽西则应不迟于 7 月 28 日。

4.3　风险调控对策

4.3.1　耕作方式

4.3.1.1　培育壮苗

培育壮苗是维持烤烟正常生长的第一步。培育壮苗的目的是提高移栽成活率,为烟草的田间生长打下良好的基础。采用先进的集约化育苗方式,根据移栽期适时播种,通过剪叶、控水等措施加强后期练苗程度,提高烟苗素质,确保移栽后成活率高、还苗快。

4.3.1.2　适当提前移栽,提高移栽质量

福建烟区气温稳定通过 10 ℃的时间一般较迟,在尚未稳定通过 10 ℃的气候条件下,可采用深栽或膜下移栽方式,充分利用土壤较高较恒定的温度条件,将移栽期适当提前。移栽时采取带营养土深栽烟、浇足定根水的方式,为烟苗创造良好的根系生长环境,确保烟苗成活并早发新根、早吸肥、早来苗,缩短还苗时间。

4.3.1.3　促进烟株前期早生快发

移栽前做好施肥起垄工作,施足底肥,高起垄,垄体宽而饱满,以提高地温,扩大营养面积。采用地膜覆盖栽培,提高地温,促进早生快发。研究证明烟田地膜覆盖栽培在 10 cm 土层内明显提高地温,在高海拔低温山区促进早生快发显得尤为重要。烟苗还苗后及时追施提苗肥,提高肥以肥效较快的硝酸钾为主,以利于烟苗迅速吸收利用,前期追肥在移栽后 30 d 内必须完成。适时培土,促进次生根的发生,确保烟株在团棵期、旺长期有足够的根系吸收养分,保证烟株有效叶片数。

4.3.1.4　严格控制氮肥用量,合理施用肥料

烟稻轮作区应根据土壤肥力情况进行配方施肥,确保烟株生长营养均衡,后期落黄正常一致。在施肥过程中尤其注意控制氮肥和磷肥用量,防止出现氮肥过量而引起的贪青晚熟和磷肥过量引起的粗枝大叶现象,造成成熟期推迟,影响烟叶品质和后季水稻栽种期。适当增施钾肥,利于后期烟叶成熟。

4.3.1.5　适时采收

根据田间烟株长势长相,坚持下部叶适时早采,中部叶成熟采收,上部叶充分成熟时 4～6 片一次性采收原则。

4.3.2　水稻栽培

4.3.2.1　品种选择

烟稻轮作后季水稻宜选择生育期较短的早熟或早中熟品种,在确保安全齐穗的前提下,最大限度地利用温光资源。

4.3.2.2　适时播种,培育多蘖壮秧

播种期必须保证从播种到安全齐穗所需天数加 3 d 以上的原则来确定。秧田播种量控制在 $112.5～150.0$ kg/hm^2,做到定畦、定量、匀播。在秧苗 1 叶 1 心时用 300 mg/kg 多效唑溶液均匀喷施,促进秧苗矮壮多蘖。秧苗 3 叶期后施尿素、氯化钾各 75 kg/hm^2,争取多蘖壮秧,单株带蘖 2～3 个,根粗茎宽。

4.3.2.3　抢时插秧,合理密植,插足基本苗

烟叶采收完毕,水稻秧龄为 20～25 d,要及时移栽,充分延长本田营养生长期,增加有效穗和提高结实率。若秧龄过长,超过 30 d,易发生早孕早穗,分蘖少,造成减产。根据株型特性,合理密植,插足基本苗,增加大田生长有效穗数量。

4.3.2.4　推广抛秧技术

水稻抛秧技术是采用塑料秧盘培育出根部带有营养土块的水稻秧苗,4 叶 1 心期,苗高 15 cm 左右时,从秧盘上拔取秧苗,均匀地抛撒到大田里。据调查,采用抛秧技术消除了秧苗入田还苗期,缩短了晚稻大田生育期 6 d 左右。

4.3.2.5　合理施肥

施肥要看苗追穗肥,保证前期分蘖早而多,同时要注意防止后期氮素过多贪青。前期宜早施重施攻蘖肥,中期"看禾、看天"巧施 1～2 次攻穗肥,后期施好根外肥,可在破口期和齐穗期用磷酸二氢钾进行喷施,促谷粒饱满,提高结实率,增加千粒重。

4.3.2.6　科学管水

根据水稻不同生育期,水分管理应掌握浅水插(抛)秧,活水护苗返青,薄水促分蘖,适时烤搁田,寸水养胎,抽穗扬花,湿润保根促黄熟,防止断水过早引起早衰。在化学除草期间,切忌断水,要保持田间 3～5 cm 水层 7 d 左右,分蘖盛期开始排水烤田,控制无效分蘖,培养强大根系。幼穗分化初期复水,孕穗、抽穗、灌浆期保持浅水层,后期干湿交替至成熟,切忌断水过早,以利养根活叶,提高结实率,防早衰,确保丰收。

福建烤烟主要气象灾害研究

本章主要分析了历年来福建烤烟生育期发生的主要气象灾害特征,主要包括低温冷害、暴雨渍涝、高温热害等气象灾害,为烤烟的高产优质提供数据支撑。详细分析了不同种类的灾害的年代际特征及其气候突变特征,并利用 GIS 制图软件分析了各灾害的空间分布特征,有利于我省烤烟的减灾防灾工作。

5.1 烤烟移栽期低温冷害特征研究

在全球变暖的背景下,我国日平均气温、极端气温均呈现上升趋势,升温主要在冬季,以低温的变化趋势最为明显(丁一汇 等,1994)。气候变化严重影响农业生产,使作物和果树的生育期提前,并影响到产量和质量。近年,对烤烟低温寒害的研究较少,且主要集中在低温对烤烟的影响以及生态适应性等方面,对于低温气候变化的研究鲜有报道。招启柏等(2008)用人工气候箱人为控制温度研究低温对烤烟成花的影响,认为 6 叶期左右可能是烤烟对低温较敏感的时期。沈少君等(2010)研究了低温胁迫对烤烟生长和产量的影响,得出烟苗受冻后剪除心叶处理各生育期比对照推迟,农艺性状较差,产量降低。金磊等(2007)分析了花芽分化对苗期低温的敏感性,认为经低温诱导的烟株生长进程被推迟。谢远玉等(2005)通过对赣南 5 个地点烤烟产量和品质的观测,结合当地实测气象资料分析了气候因子的影响效果,指出由于易受春寒影响,宜实施保护性栽培或选择适宜的移栽期。

福建省烤烟种植区主要分布在西部、北部的内陆地区,是农业收入的重要经济来源。福建省西部、北部地区 2—3 月是受低温阴雨灾害天气影响最大、最频繁的区域,几乎每年都会对烤烟、蔬菜、早稻等作物的生长发育造成极大危害(马治国 等,2012;2016a;2016b)。烤烟移栽期的低温预警评估可以有效避开灾害天气,有利于提高烤烟的产量和质量,增加经济收入。分析烤烟移栽期的低温气候变化趋势特征,可为开展低温寒害预警评价提供参考(马治国 等,2014)。

5.1.1 材料与方法

5.1.1.1 资料来源

气象数据是 1971—2011 年福建省南平、三明和龙岩 3 个地区 28 个气象站的日平均气温值,数据经过了气象部门质量审核,修正了异常数据,保证了数据的准确性。福建省烤烟主要移栽期为 2 月下旬到 3 月中旬,以候为最基本的时间尺度,分成 2 月下旬和 3 月上旬、中旬 3 个时间段进行移栽期的低温变化趋势特征分析。

5.1.1.2　研究方法

1. <13 ℃负积温和低温日数的计算

由于烤烟移栽期在<13 ℃的低温积累到一定时间后会产生早花等危害,影响到烤烟的产量和质量,因此,烤烟移栽期的低温危害评估需要考虑低于临界气温的大小及低温的持续时间。本研究根据日平均气温分析了<13 ℃负积温和低温日数 2 个气象变量。烤烟移栽期<13 ℃负积温计算公式如下:

$$D = \sum_{i=1}^{n} (T - 13) \qquad (i = 1, 2, \cdots, n) \tag{5.1}$$

式中,D 为<13 ℃的负积温,单位:℃ · d;T 为日平均气温,单位:℃。

低温日数是指日平均气温<13 ℃的天数,每候的低温日数指此候出现的低温日数之和。

2. 变化趋势分析及检验

利用最小二乘法拟合一元线性方程 $y = at + b$,其中,a, b 为回归系数,y 为分析变量,t 为时间。在引入气候倾向率指标后,分析低温变量的气候变化趋势如下(魏凤英,2007):

$$y_i = 0.1at + b \qquad (i = 1, 2, \cdots, n) \tag{5.2}$$

式中,y_i 是低温变量第 i 年的值;回归系数 a 表示该气候变量每 10 年的变化。其中,a 值的正或负反映了上升或下降趋势,其大小表示上升或下降的幅度。b 为常数。为判断该气候变量是否显著,根据相关系数(R)的不同,对显著性水平进行检验。

3. 多项式拟合方法

用 Cubic 函数形式表示气候要素(y)与时间(x)的非线性函数关系:

$$y = a + bx + cx^2 + dx^3 \tag{5.3}$$

式中,a, b, c, d 为经验常数,用最小二乘法利用实际资料计算得出。通过多项式函数拟合曲线可以很好地反映长时间尺度的气候变化特征。根据 Cubic 的阶段性极值定性地分析要素变化的转型特征,极小值对应要素值由下降转为上升转型的时间点,反之则由上升转为下降时间点。

5.1.1.3　低温冷害评估方法

1. 气象指标的确定

烤烟低温冷害的气象指标包括负积温、低温持续日数和旬极端最低气温 3 个变量。烤烟移栽期的低温危害评估既要考虑烟苗生长的临界气温的大小,还要考虑低温的持续时间,才能达到更好的评估效果,所以得出日平均气温负积温和低温日数 2 个气象变量。而极端最低气温代表了气温达到的极值情况,在一定程度上弥补了日平均气温的不足。

2. 综合灾害指数的构建

烤烟低温冷害的综合指标是一个由负积温、低温持续日数和极端最低气温 3 个气象变量构成的数学模型。其方法是先将原始气象数据进行无量纲化处理得到标准数据,然后根据熵值法确定不同气象指标的权重值,最后得到综合灾害指数,并将其划分为 4 个灾害等级。根据不同灾害等级出现频率,利用 GIS 工具制作专题图,研究低温冷害的空间分布特征。

这过程中权重的确定最重要,确定权重的方法主要有主观赋权法和客观赋权法。主观赋权法最常见的是专家打分法,其优点是概念清晰、简单易行,但需要寻求一定数量的有深厚经验的专家给予打分;客观赋权法是由评价指标值构成的判断矩阵来确定指标权重,最常用的熵值法是利用该指标信息的效用值来计算,效用值越高,其对评价的重要性越大。熵在信息论里是一种系统无序程度的度量,熵权系数法广泛应用于社会经济等各项研究领域,其客观性强,能够克服人为确定权重的主观性及多指标变量信息的重叠。如果决策中某项指标的效用数值越大,信息熵越小,该指标提供的信息量越大,该指标的权重也就越大;项指标的效用值越小,该指标的权重也就越小。所以,可以根据各项指标测量值的效用值,利用信息熵计算各指标的权重。本研究为了使其具有客观性,权重系数由熵值法确定。

综合灾害指数计算步骤如下:

(1)构建原始指标数据矩阵:

矩阵样本为 m 个,X_{ij} 为第 i 年第 j 个指标的指标值。

(2)数据无量纲处理:

正向评价指标为:$Y_{ij} = (X_{ij} - X_{j\min})/(X_{j\max} - X_{j\min})$　　　　　　　(5.4)

逆向评价指标为:$Y_{ij} = (X_{j\max} - X_{ij})/(X_{j\max} - X_{j\min})$　　　　　　　(5.5)

式中,Y_{ij} 为数据无量纲处理的标准值;X_{ij} 为指标的统计值;$X_{j\max}$ 和 $X_{j\min}$ 分别为烤烟移栽期内的同一指标的最大值和最小值;i 为第 i 个样本;j 为第 j 个指标。

(3)计算第 j 项指标下第 i 年指标值的比重 P_{ij}:

$$P_{ij} = Y_{ij} / \sum_{1}^{i} Y_{ij} \qquad\qquad (5.6)$$

(4)计算第 j 项指标的信息熵 E_j:

$$E_j = -k \sum_{1}^{i} P_{ij} \ln P_{ij} \qquad\qquad (5.7)$$

式中,$k = 1/\ln m$,并假定当 $P_{ij} = 0$ 时,$P_{ij} \ln P_{ij} = 0$。信息熵的常数只与矩阵的样本数 m 有关系。信息熵公式是信源输出后的每一个消息所提供的平均信息量,信源输出前信源的平均信息量有不确定性。对于一个信息无序的系统,有序度为 0,熵值就最大,$E = 1$;m 个样本处于完全无序分布的状态时,$0 < E < 1$。

(5)计算第 j 项指标的效用值 D_j：

$$D_j = 1 - E_j \tag{5.8}$$

(6)计算第 j 项指标的权重 W_j：

$$W_j = D_j / \sum D_j \tag{5.9}$$

(7)综合灾害指数公式：

$$R = aX + bY + cZ \tag{5.10}$$

对各项指标进行加权求和，计算低温冷害的综合灾害指数值。式中，R 为综合灾害指数；a,b,c 为权重系数；X,Y,Z 为负积温、低温日数和极端最低气温的标准值。

(8)等级划分

根据综合灾害指数（R），将影响烤烟生长发育的低温冷害强度类型划分为轻害、中害、重害和极重害 4 个等级，各个等级的灾害指数值见表 5.1。

表 5.1　烤烟移栽期低温冷害等级

灾害等级	轻害	中害	重害	极重害
灾害指数值	$0.20 \leqslant R < 0.40$	$0.40 \leqslant R < 0.60$	$0.60 \leqslant R < 0.80$	$R \geqslant 0.80$

5.1.2　结果与分析

根据日平均气温，结合烤烟移栽期的生长发育界限气温，分析低温对烤烟移栽期的影响。以代表低温的负积温和低温日数为变量，分析 40 年来福建省烤烟移栽期低温的气候变化趋势，以便为特色农业气象服务提供参考。

5.1.2.1　日平均气温对移栽期的影响

1971—2011 年福建省烤烟区移栽期平均气温见表 5.2。可知，烤烟移栽期，南平、三明和龙岩 3 个地区的日平均气温从北到南呈逐渐上升的趋势，这主要是受地理纬度的影响而出现的规律性变化。从气温指标来看，福建省烤烟的最佳移栽期从南部向北部逐渐推移，其中龙岩地区最早达到最佳移栽期，而南平最晚。从 3 个地区的多年平均气温来看，龙岩地区最早能满足烤烟移栽的临界气温条件，从 2 月下旬开始，每旬的平均气温均 >13 ℃，从而进入最佳移栽期；而三明地区 2 月下旬的平均气温仅 11.7 ℃，低于临界气温，只有进入 3 月上旬后才达到临界气温；南平地区 2 月下旬和 3 月上旬的平均气温分别仅 11.0 ℃、11.7 ℃，均低于烤烟移栽的临界水平，只有 3 月中旬能够达到临界气温。

在烤烟移栽期，南平、三明和龙岩地区年平均气温各旬之间呈一致性的变化趋势，气温从 2 月下旬开始逐步回升，代表适合烟苗生长发育的热量条件也随之变好（表 5.2）。因而会造成 2 月下旬移栽的烟苗，尽管热量条件不是很理想，但是随着时间的推移，气温升高后，会安全度过危险期的假象。其实，对气象资料的统计分析发现，3 月上旬也会出现低温寒害，尤其是经过 2 月升温后，再次剧烈降温，若不深栽对烟苗的影响更大。

表 5.2　1971—2011 年福建省烤烟区移栽期平均气温分布　　　　　单位：℃

地区	1月上旬	1月中旬	1月下旬	2月上旬	2月中旬	2月下旬	3月上旬	3月中旬	移栽期
南平	7.3	7.5	7.9	8.5	9.6	11.0	11.7	13.5	9.6
三明	8.2	8.0	8.6	9.1	10.7	11.7	13.0	15.7	10.6
龙岩	10.1	10.0	10.5	10.9	12.5	13.3	14.0	15.8	12.1

　　北方冷空气南下带来的寒潮会首先影响北部地区。因此，以处于福建省北部的南平地区为例，讨论 3 月上旬气温比 2 月下旬低的气候特征。1971—2011 年南平地区部分年份 2 月下旬与 3 月上旬、中旬平均气温变化见表 5.3，表中均为南平地区 2 月下旬光温条件较好的年份。由表 5.3 可知，2 月下旬光温条件适宜烟苗移栽和生长发育，但 3 月上旬遭遇最大可达 6.2 ℃的降温天气，使得气温迅速降低，低于烤烟生长临界气温值，从而产生一段不利于烟苗生长的时间段，影响烤烟的产量和质量。统计表明，发生这类降温过程的年数占到了总数的 41.5%，可见此类灾害发生较频繁，应该在气象服务中引起关注。

表 5.3　1971—2011 年南平地区部分年份平均气温分布　　　　　单位：℃

年份	2月下旬	3月上旬	3月中旬	移栽期	降温幅度
2009	15.0	8.8	15.5	13.1	−6.2
2003	16.7	10.9	13.6	13.7	−5.8
2011	14.6	10.0	12.3	12.3	−4.6
2004	14.7	10.5	15.0	13.4	−4.2
2010	16.6	12.6	14.3	14.5	−4.0
1988	9.9	6.7	13.8	10.1	−3.2
1971	13.8	10.7	11.4	12.0	−3.1
2001	13.5	11.3	14.9	13.2	−2.2
1973	15.4	13.3	13.8	14.1	−2.1
1979	14.1	12.1	9.7	12.0	−2.0
2002	16.1	14.4	16.5	15.7	−1.7
2007	13.5	12.4	12.4	12.8	−1.1
2005	9.7	9.3	11.7	10.2	−0.4
1989	11.0	10.6	16.4	12.7	−0.4
1984	9.5	9.3	15.1	11.3	−0.3
1997	15.9	15.7	16.5	16.1	−0.2
1992	11.6	11.5	13.9	12.3	−0.1

5.1.2.2　负积温变化趋势

　　福建省烤烟<13 ℃负积温变化趋势见图 5.1。由图 5.1 可知，经过 6 次多项式

拟合,2 月下旬负积温呈单谷变化趋势。1991 年前后,变化趋势由下降转为上升,表示热量条件趋于变好。1971—1991 年,基本呈单边下降趋势,尤其是 1977—1990 年下降趋势更为明显,其旬负积温减少的线性趋势为:$y=-1.568x-18.64$,即趋势系数为-1.568 ℃·d/a;$R=0.48$,通过了信度水平为 0.10 的显著性检验。1991 年后,旬负积温开始上升,其增加趋势为:$y=1.721x-38.891$,气候趋势系数为 1.721 ℃·d/a;$R=0.51$,通过了信度水平为 0.02 的显著性检验。2 月下旬多年负积温平均值为-25.2 ℃·d,最大值出现在 2002 年,为-0.7 ℃·d,最小值出现在 1996 年,仅-74.2 ℃·d,最高和最低负积温的极差值为 73.5 ℃·d(表 5.4)。

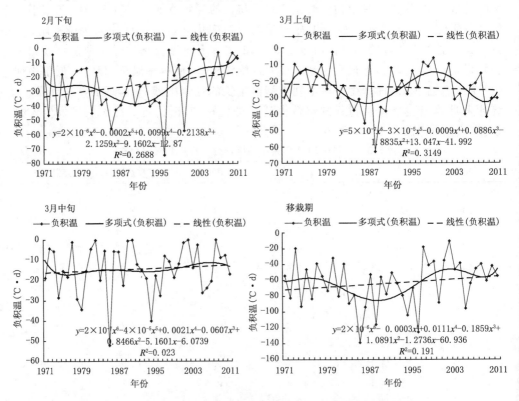

图 5.1　1971—2011 年福建省烤烟区<13 ℃负积温变化趋势

表 5.4　1971—2011 年福建省烤烟区<13 ℃负积温　　　　　　单位:℃·d

负积温	2 月下旬	3 月上旬	3 月中旬	移栽期
平均值	-25.2	-24.0	-14.4	-63.6
最大值	-0.7	-2.7	0.0	-10.5
最小值	-74.2	-62.9	-52.1	-139.0
极值差	73.5	60.2	52.1	128.5

3月上旬的负积温变化趋势较为复杂,主要分成 4 个发展阶段,形成双峰变化趋势(图 5.1)。1971—1975 年(上升阶段)至 1976—1988 年(下降阶段)至 1989—2002年(上升阶段)至 2003—2011 年(下降阶段)。其线性趋势分别为:$y=4.249x-31.95$,$y=-2.203x-11.531$,$y=1.550x-31.172$,$y=-0.025x-29.257$,气候趋势系数分别为 4.249 ℃·d/a、-2.203 ℃·d/a、1.550 ℃·d/a 和-0.025 ℃·d/a,显著性检验水平分别为:0.10,0.05,0.01 和未通过。可见,3月上旬负积温以 1989—2002 年的上升阶段最为显著,其次是 1976—1988 年的下降阶段。3月上旬多年负积温平均值为-24.0 ℃·d,最大值出现在 1980 年,为-2.7 ℃·d,最小值出现在 1988 年,仅-62.9 ℃·d,极差值为 60.2 ℃·d(表 5.4)。

随着气温的逐渐升高,3月中旬福建烟区气温进入了平稳发展期,旬负积温以振荡为主,经过线性趋势分析:$y=0.0954x-16.371$,呈现略微升高的趋势,但未通过显著性水平检验。3月下旬多年负积温平均值为-14.4 ℃·d,最大值出现在 1980年,为-0.0 ℃·d,最小值出现在 1988 年,仅-52.1 ℃·d,极值差相对于前两旬较小,为 52.1 ℃·d(表 5.4)。

烤烟移栽期的负积温受 3月上旬的影响最大,与其变化趋势几乎一致,40 年来呈现出升—降—升—降的双峰变化规律。时间段分别为 1971—1976 年、1977—1988年、1989—2002 年、2003—2011 年。其气候趋势系数分别为:1.289 ℃·d/a、-5.431 ℃·d/a、4.090 ℃·d/a、-1.358 ℃·d/a,显著性检验水平分别为:未通过0.05,0.20 和 0.50。可见,3月上旬的负积温变化趋势以 1977—1988 年的下降过程最为显著。烤烟移栽期多年负积温平均值为-63.6 ℃·d,最大值出现在 1980 年,为-10.5 ℃·d,最小值出现在 1988 年,为-139.0 ℃·d,极值差相对于前两旬也较小,为 128.5 ℃·d(表 5.4)。

5.1.2.3　低温日数变化趋势

福建省烤烟区 2月下旬、3月上旬和中旬及移栽期<13 ℃低温日数变化趋势见图 5.2。由图 5.2 可知,2月下候<13 ℃低温日数呈单峰趋势,与旬负积温相反,但发生转折的时间点略有不同。1971—1988 年,旬低温日数单边上升,线性趋势为:$y=0.212x+4.309$,气候趋势系数为 0.212 d/a;$R=0.58$,通过 0.01 显著性水平检验,且非常显著。1989—2011 年,旬低温日数逐渐减少,这与 20 世纪 80 年代后全球变暖的大趋势相一致,线性趋势为:$y=-0.174x+7.056$,趋势系数为-0.174 d/a;$R=0.48$,通过 0.02 显著性水平检验。2月下旬多年低温日数平均值为 5.6 d,最大值出现在 1996 年,为 9.0 d,最小值出现在 2002 年,为 0.7 d;极值差为 8.3 d(表5.5)。

由图 5.2 可知,3月上旬<13 ℃低温日数变化趋势分为 4 个阶段,呈现双谷变化趋势,与旬负积温相反,但发生转折的时间点略有不同,分别为下降阶段(1971—1977年)、上升阶段(1978—1990 年)、下降阶段(1991—1999 年)、上升阶段(2000—2011

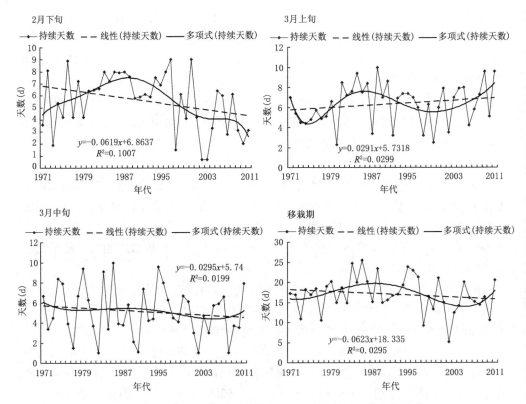

图 5.2　1971—2011 年福建省烤烟区＜13 ℃低温日数变化趋势

年)。其线性回归方程分别为:$y=-0.193x+6.0143$,$y=0.241x+5.0879$,$y=-0.393x+8.8439$,$y=0.266x+4.1343$,气候趋势系数分别为 -0.193 d/a、0.241 d/a、-0.393 d/a、0.266 d/a;分别通过 0.50,0.10,0.02,0.05 显著性水平检验。3 月上旬低温日数在 1991—1999 年下降趋势最显著,其次是 2000—2011 年的上升阶段。3 月上旬多年低温日数平均值为 6.3 d,最大值出现在 1988 年,为 10.0 d,最小值出现在 1980 年,为 2.3 d;极值差为 7.7 d(表 5.5)。

表 5.5　1971—2011 年福建省烤烟区移栽期＜13 ℃低温日数　　　　　单位:d

低温日数	2月下旬	3月上旬	3月中旬	移栽期
平均值	5.6	6.3	5.1	17.0
最大值	9.0	10.0	10.0	25.5
最小值	0.7	2.3	1.0	5.2
极值差	8.3	7.7	9.0	20.3

3 月中旬由于气温升高,稳定性强,故而候低温日数没有出现明显的变化,但仍

受全球变暖大背景的影响,40 年来呈现略有降低的趋势(图 5.2)。3 月中旬多年低温日数平均值为 5.1 d,最大值出现在 1985 年,为 10.0 d,最小值出现在 2002 年,为 1.0 d;极值差为 9.0 d(表 5.5)。

由图 5.2 可知,移栽期的低温日数变化趋势受 2 月下旬走势的影响,呈单峰变化,但后期受 3 月上旬的影响,低温日数有所回升。整个变化趋势可分为上升阶段 (1971—1988 年)、下降阶段(1989—2002 年)和上升阶段(2003—2011 年)3 个时期,其线性回归方程分别为:$y = 0.377x + 14.52$,$y = -0.464x + 22.92$,$y = 0.721x + 10.55$,气候趋势系数分别为:0.377 d/a、-0.464 d/a、0.721 d/a;分别通过 0.05、0.02 和 0.20 显著性水平检验。移栽期低温日数变化趋势在 1971—1988 年上升阶段最为显著,其次是 1989—2002 年的下降阶段。移栽期年低温日数平均值为 17.0 d,最大值出现在 1985 年,为 25.5 d,最小值出现在 2002 年,为 5.2 d;极值差为 20.3 d (表 5.5)。

5.1.2.4　低温冷害发生频率变化特征

由表 5.6 可知,从 1971—2011 年的平均值来看,在烤烟的移栽期除了极重等级的冷害没出现外,其他 3 种灾害类型均有发生。从灾害总发生频率来看,其中灾害发生频率最高是 3 月上旬,其值为 90.24%;其次是 2 月下旬,为 75.61%;3 月中旬最低,为 60.98%。

2 月下旬和 3 月上旬冷害发生频率的变化规律基本一致,表现为中害>轻害>重害,其中中害的发生频率分别为 43.90%和 48.78%,几乎占到了一半;并且这 3 种灾害等级的发生频率都是 3 月上旬大于 2 月下旬,可见,3 月上旬受到冷空气影响更为严重,对烤烟移栽生产最为不利(表 5.6)。

3 月中旬随着气温的逐渐上升,低温冷害的对烟苗移栽的影响程度也随之大为降低,主要表现为首先是冷害总发生频率的大幅降低,相对于发生频率最高的 3 月上旬下降了 32.43%;其次是灾害等级的降低,冷害的影响主要集中在轻害上面,中害和重害相对于最高时缩减了分别为 70%和 80%(表 5.6)。

表 5.6　1971—2011 年福建省烤烟多年不同等级冷害发生频率　　　　单位:%

时段	轻害	中害	重害	极重害	总发生频率
2 月下旬	26.83	43.90	4.88	0	75.61
3 月上旬	29.27	48.78	12.20	0	90.24
3 月中旬	43.90	14.63	2.44	0	60.98

可见,从 1971—2011 年的平均值来看,轻害和中害是多发类型,重害仍有一定概率发生;灾害总发生频率均在 60%以上,以 3 月上旬最高,2 月下旬次之,3 月中旬最低。2 月下旬和 3 月上旬冷害发生频率为中害>轻害>重害,3 月中旬主要为轻害。因此,无论烤烟移栽期的哪个时期,冷害都是值得关注的;但是 3 月上旬是关注的重

点时段,因为灾害发生的强度大且发生频率高。做好烤烟移栽期的低温冷害气象预警服务和防灾减灾工作十分重要,这成为烤烟高产优质的重要影响因素之一。

5.1.2.5　低温冷害发生频率分布特征(Ma et al.,2013)

5.1.2.5.1　2月下旬特征

图 5.3 为 2 月下旬不同等级冷害发生频率分布。可以看出,2 月下旬轻害发生频率在 17%~45%,呈条带状分布,从西北向东南方向逐渐增加。轻害发生频率在 20%以下的区域主要集中在南平、三明、龙岩的西北部少数站点;20%~30%发生频

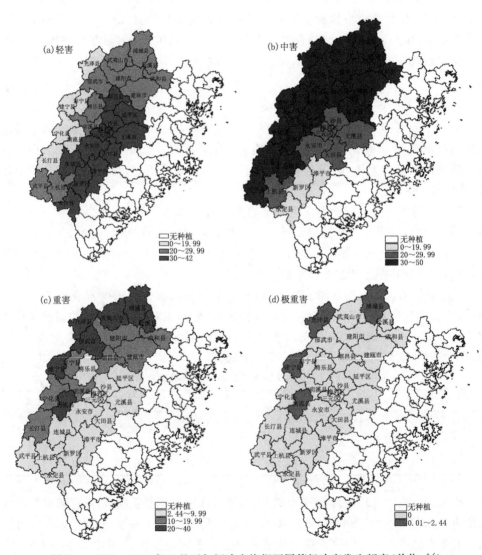

图 5.3　1971—2011 年 2 月下旬福建省烤烟不同等级冷害发生频率(单位:%)

率的区域主要集中南平;而 30％以上的高发区主要是在三明和龙岩,占全部站点的39.29％(图 5.3a)。

2 月下旬中害发生频率在 10％～50％,特征是大部分区域中害发生频率普遍较高。其中发生频率 20％以下的区域只有永定、龙岩新罗区、漳平等少部分站点。发生频率在 20％～30％的站点仅有 6 个。大部分是属于 30％～50％的灾害高发区域,包括整个南平、三明及龙岩的西北大部等,占全部站点的 60.71％(图 5.3b)。

2 月下旬重害发生频率的范围是 2％～35％,与轻害一样呈条带状分布,但却是从东南向西北方向逐渐增加。46.43％的站点是属于发生频率 10％以下的重害发生区,主要集中在龙岩的大部和三明的东南部;而发生频率在 20％～40％的冷害区域主要是集中南平的西北部,占全部站点的 25％,比例较小;发生频率在 10％～20％的重害区域分布在南平大部和三明的小部分区域(图 5.3c)。

2 月下旬极重害发生的区域只有浦城、光泽、建宁和清流等少部分站点,零星散布在北部和西北区域,发生频率是 2.44％;而其他绝大部分区域都没有发生极重等级的冷害(图 5.3d)。

可见,2 月下旬低温冷害分布特征是:南平全部和三明的大部站点以中害(发生频率在 30％～50％)和重害(发生频率在 10％～40％)为主,局部有 2.44％概率的极重害出现;而龙岩的大部和三明的东南部主要是轻害(发生频率在 30％～42％)和中害(发生频率在 20％～30％)为主,仍有 10％的重害发生。

5.1.2.5.2　3 月上旬特征

从图 5.4 可知,3 月上旬轻害发生频率的范围是 10％～55％,呈近似于条带形分布,从西北向东南方向逐渐增加。发生频率为 20％以下的轻害低发区域面积较少,只有 21.43％的站点,主要分布于北部和西部区域。发生频率为 20％～30％的轻害区域主要集中在南平的大部和三明的部分区域。46.43％的站点属于轻害高发区域,发生频率为 30％～55％,主要集中在三明和龙岩的东部及南部(图 5.4a)。

3 月上旬中害发生频率的范围是 20％～60％,分布特征是北多南少,大部都在40％～60％,主要分布在南平全部和三明西部的部分区域,占到全部站点的53.57％。发生频率最少的仍在 19％～30％,主要是龙岩大部,占全部站点的 25％(图 5.4b)。

3 月上旬重害发生频率的范围是 0％～45％,呈北高南低分布,只有南平北部和三明西部的部分站点发生频率在 20％～45％,其他站点均低于 20％,尤其是龙岩大部及三明的东南部更是在 10％之下,占全部站点的 35.41％。发生频率为 10％～20％的区域主要集中在三明和南平的大部,也占了 35.41％。可见 3 月上旬重害发生频率大部分较低,影响的区域也比较小,主要集中在南平北部和三明西部等(图 5.4c)。

3 月上旬极重冷害发生频率的范围是 0％～10％,主要集中在南平北部和三明西部的部分区域,有 7 个站点,分别是浦城、光泽、武夷山、邵武、建宁、宁化和清流,占到

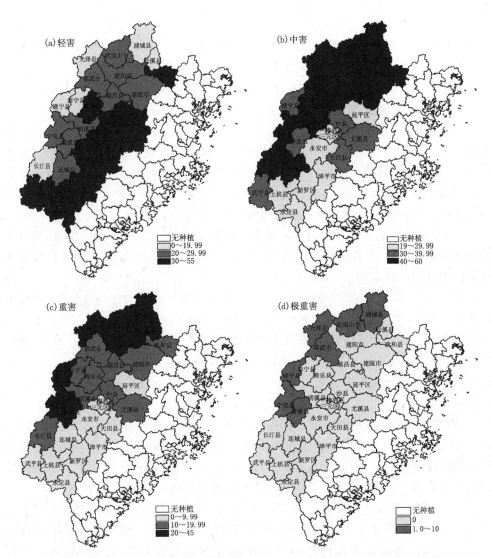

图 5.4　1971—2011 年 3 月上旬福建省烤烟不同等级冷害发生频率(单位:%)

了全部站点的 25%。其他站点均没有出现极重害(图 5.4d)。

　　综上所述,3 月上旬南平全部和三明西部的部分区域以中害(发生频率在 40%~60%)和重害(发生频率在 20%~45%)为主,有部分站点会出现极重等级的冷害。龙岩大部和三明的东南部以轻害(发生频率在 30%~55%)和中害(发生频率在 19%~30%)为主,偶有重害出现,未出现极重害。3 月上旬与 2 月下旬比较得出,极重害灾害范围扩大了 75%,发生频率平均增加了 86%,说明冷害程度和强度都有很大的增加。

5.1.2.5.3　3 月中旬特征

由图 5.5 可知,3 月中旬轻害的发生频率范围是 0%～40%,呈条带状分布,北高南低。发生频率在 20%～40%的区域主要集中在南平的大部和三明的西部等,占全部站点的 39.29%;三明和龙岩的东南部站点属于灾害发生频率较低的区域,在 10%以下,占 28.57%;其余区域发生频率在 10%～20%,范围相对较小(图 5.5a)。

3 月中旬中害的分布特征是大部分区域出现频率极低,为 0.00%、2.44% 和 4.88%;有少部分站点发生频率在 5%～15%,也水平较低,分布在南平北部和三明西部的少数区域(图 5.5b)。

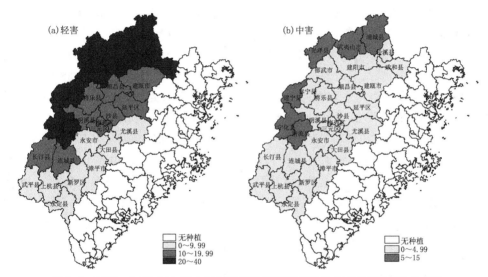

图 5.5　1971—2011 年 3 月中旬福建省烤烟不同等级冷害发生频率(单位:%)

3 月中旬重害只有建宁 1 站出现过,发生频率为 2.44%(图略),其他站点均未出现。

3 月中旬极重害未出现。

可见 3 月中旬的冷害主要是轻害(发生频率为 20%～40%),分布在南平的大部和三明的西部等区域,部分站点出现中害,但是重害和极重等级的灾害不再发生。其他区域很少出现中度以上的冷害影响,仍有轻害发生。

5.1.3　小结

通过对 1971—2011 年日平均气温、<13 ℃负积温和低温日数的分析,得出福建省烤烟区移栽期的低温变化特征;构建低温灾害指数模型,分析了不同灾害等级的冷害发生频率的空间分布特征。

(1)日平均气温。烤烟移栽期,烤烟区日平均气温分布呈现从北到南逐渐上升,年平均气温从 2 月下旬开始逐步上升。但 3 月上旬仍会出现低温寒害,尤其是经过

2 月升温后,再次剧烈降温,对烟苗产生更大影响。

(2)<13 ℃负积温。2 月下旬呈单谷变化趋势,3 月上旬呈双峰变化趋势,3 月下旬以震荡为主,并呈现略微升高的趋势;烤烟移栽期的负积温受 3 月上旬负积温的影响最大,与其变化趋势几乎一致,40 年来呈现升—降—升—降的双峰变化规律。

(3)<13 ℃低温日数。2 月下旬低温日数呈单峰趋势,3 月上旬呈双谷趋势,3 月中旬没有明显的变化趋势,但略有降低;移栽期的低温日数变化趋势受 2 月下旬走势的影响,形成单峰走势结构,但后期受 3 月上旬的影响,低温日数有所回升。

(4)对称性。<13 ℃旬负积温和旬低温日数两个变量之间在 2 月下旬、3 月上旬及整个移栽期都呈现出对称性,负积温与低温日数的变化趋势成反比相对应,只是发生转折的时间点略有不同。

从年平均值来看,轻害和中害是多发类型,重害仍有一定概率发生;冷害总发生频率为 3 月上旬>2 月下旬>3 月中旬;2 月下旬和 3 月上旬冷害发生频率均为中害>轻害>重害,3 月中旬主要为轻害;3 月上旬是关注的重点时段,因为冷害发生的强度大、频率高。2 月下旬南平全部和三明的大部站点以中害和重害为主,局部有 2.44% 概率的极重害出现;而龙岩的大部和三明的东南部主要是轻害和中害,仍有 10% 的重害发生。3 月上旬南平全部和三明西部的部分站点以中害和重害为主,有部分站点会出现极重等级的冷害;而龙岩大部和三明的东南部以轻害和中害为主,偶有重害出现,未出现极重害。3 月中旬的冷害主要是轻害,集中分布在南平的大部和三明的西部等区域,有部分站点出现中害,重害和极重等级的冷害则不再发生;其他区域很少出现中度以上的冷害,仍有轻害发生。

5.2 烤烟成熟期高温热害特征研究

高温热害是烟草生长的主要气象灾害之一,文中分析了 6—7 月福建省烟区最高气温的特征,并根据不同类型的烟草的对高温的要求,如 CB-1 号最高气温≥30 ℃为不适宜,K326 和云烟 87 分别为≥33 ℃和≥35 ℃高温为不适宜,分析这 3 种高温出现的日数(Ma et al.,2018a;2018b)。

5.2.1 数据与方法

数据是福建省 28 个烟区县(区、市)气象站的日最高气温和相对湿度的气象数据,时间是 1961—2014 年 6—7 月。

方法:候最高气温的计算是取一候中日最高气温中的最大值,多年候最高气温是将每年的候最高气温进行多年平均得到的值。候平均相对湿度是一候中的日平均相对湿度的平均值,多年候平均相对湿度是将候平均相对湿度进行多年平均得到的值。候最高气温日数的计算方法是将一候之内高于某个值的高温日数进行累计,然后再求多年的平均值。

5.2.2 结果与分析

5.2.2.1 高温及相关因子的气候分布特征

5.2.2.1.1 福建烤烟生长后期温度和湿度特征

从表 5.7 中 6—7 月南平地区各县(区、市)烤烟候平均气温分布特征来看,可以得出,6—7 月各县(区、市)候平均气温的平均值均在 25 ℃以上,最高可达 28.3 ℃,发生在 7 月第 4 候;7 月要高于 6 月,平均高出 1~2 ℃。

表 5.7 6—7 月南平地区各县(区、市)烤烟候平均气温分布   单位:℃

月	候	光泽	邵武	武夷	浦城	建阳	松溪	建瓯	南平	顺昌	政和	平均值
6	1	25.4	25.5	25.5	25.2	25.8	25.7	26.6	26.7	26.3	25.7	25.8
6	2	25.9	26.0	26.0	25.8	26.3	26.3	26.9	27.0	26.7	26.3	26.3
6	3	26.1	26.2	26.1	25.9	26.5	26.3	27.0	27.4	26.7	26.4	26.5
6	4	26.6	26.7	26.7	26.5	27.0	27.0	27.5	27.9	27.1	27.0	27.0
6	5	26.8	26.9	26.9	26.7	27.2	27.1	27.2	27.6	26.8	27.2	27.0
6	6	27.1	27.2	27.1	27.1	27.5	27.5	27.6	27.9	27.1	27.4	27.3
7	1	27.2	27.4	27.4	27.2	27.8	27.8	28.5	28.5	28.1	27.9	27.8
7	2	27.7	27.7	27.7	27.5	28.1	28.0	28.2	28.4	28.0	28.1	27.9
7	3	27.7	27.9	27.9	27.8	28.3	28.3	28.4	28.7	28.0	28.4	28.1
7	4	27.9	28.0	28.1	28.0	28.4	28.4	28.7	29.2	28.3	28.5	28.3
7	5	28.0	28.1	28.1	28.0	28.4	28.4	28.5	28.8	28.0	28.5	28.3
7	6	27.6	27.7	27.7	27.7	28.0	28.0	29.2	29.4	28.6	27.9	28.2

从表 5.8 中 6—7 月南平地区各县(区、市)烤烟候最高气温分布特征来看,6—7月各县(区、市)的候最高气温的平均值均在 32 ℃以上,最高可达 36.5 ℃,发生在 7月第 5 候;7 月要高于 6 月,平均高出 2~4 ℃。

表 5.8 6—7 月南平地区各县(区、市)烤烟候最高气温分布   单位:℃

月	候	光泽	邵武	武夷	浦城	建阳	松溪	政和	建瓯	顺昌	南平	平均值
6	1	31.9	32.2	31.9	31.7	32.4	32.5	32.9	32.9	32.6	32.8	32.4
6	2	32.3	32.6	32.1	32.0	32.7	32.9	33.0	33.4	33.0	33.1	32.7
6	3	32.0	32.4	31.8	31.6	32.4	32.7	32.7	32.7	33.1	33.1	32.4
6	4	32.5	33.0	32.5	32.4	33.0	33.2	33.4	33.8	33.6	33.8	33.1
6	5	32.9	33.4	32.8	32.7	33.4	33.7	34.0	34.3	34.1	34.3	33.6
6	6	33.8	34.2	33.7	33.7	34.4	34.6	35.0	35.1	34.8	35.1	34.4
7	1	34.7	35.1	34.6	34.5	35.2	35.5	35.9	36.0	35.8	36.0	35.3

续表

月	候	光泽	邵武	武夷	浦城	建阳	松溪	政和	建瓯	顺昌	南平	平均值
7	2	34.8	35.3	35.0	34.7	35.4	35.7	36.0	36.3	35.9	36.2	35.5
7	3	35.5	35.8	35.4	35.4	36.1	36.4	36.6	36.8	36.5	36.6	36.1
7	4	35.7	36.0	36.0	35.9	36.5	36.6	36.7	37.1	36.6	36.8	36.4
7	5	35.8	36.2	36.1	36.0	36.8	36.8	36.7	37.1	36.7	36.9	36.5
7	6	35.4	35.8	35.7	35.6	36.1	36.3	36.4	36.7	36.2	36.3	36.1

　　从表 5.9 中 6—7 月南平地区各县(区、市)烤烟候平均相对湿度分布特征来看,南平烤烟各县(区、市)候平均相对湿度的平均值均在 75% 以上,6 月偏高,均在 80%～85%,7 月略低,在 75%～80%。

表 5.9　6—7 月南平地区各县(区、市)烤烟候平均相对湿度分布　　　　单位:%

月	候	光泽	邵武	武夷	浦城	建阳	松溪	政和	建瓯	顺昌	南平	平均值
6	1	80.1	82.5	80.1	80.5	83.3	80.3	77.9	81.6	82.5	78.9	80.8
6	2	79.7	82.9	81.1	80.6	83.1	80.5	78.5	80.8	82.4	78.8	80.8
6	3	81.7	84.1	82.9	83.2	85.3	83.7	80.7	84.1	84.6	81.9	83.2
6	4	83.6	85.7	84.6	84.8	85.9	83.6	80.2	84.2	85.3	82.4	84.0
6	5	83.3	85.3	85.1	85.0	85.5	84.2	80.6	83.5	84.4	81.2	83.8
6	6	80.9	83.1	82.7	81.6	82.2	81.0	78.1	80.3	81.5	78.3	81.0
7	1	79.4	80.8	79.8	79.6	80.1	78.4	76.4	78.4	79.3	75.6	78.8
7	2	78.9	80.2	79.3	79.3	79.5	78.0	74.8	77.5	78.9	74.8	78.1
7	3	77.6	79.6	78.4	77.8	78.6	76.1	75.2	76.5	77.8	74.0	77.2
7	4	76.8	79.0	77.4	77.2	78.0	75.6	75.4	76.2	77.7	73.7	76.7
7	5	75.4	77.8	76.2	76.4	77.5	75.3	74.7	75.1	76.3	72.4	75.7
7	6	76.0	77.9	77.1	76.5	78.2	75.7	75.7	76.0	76.7	73.1	76.3

　　从表 5.10 中 6—7 月三明地区各县(区、市)烤烟候平均气温分布特征来看,6—7 月各县(区、市)候平均气温的平均值均在 24 ℃以上,最高可达 27.9 ℃,发生在 7 月第 5 候;7 月要高于 6 月,平均高出 1～3 ℃。南部的永安、尤溪、沙县和大田明显高于宁化、泰宁和建宁。

表 5.10　6—7 月三明地区各县(区、市)烤烟候平均气温分布　　　　单位:℃

月	候	宁化	泰宁	将乐	建宁	明溪	沙县	三明	尤溪	永安	大田	清流	平均值
6	1	23.6	23.2	24.4	23.2	23.6	24.9	24.8	24.3	24.9	24.1	23.8	24.1
6	2	24.0	23.7	24.8	23.8	24.0	25.3	25.1	24.8	25.2	24.4	24.2	24.5
6	3	24.2	23.9	24.9	23.9	24.1	25.3	25.2	25.0	25.3	24.5	24.3	24.6

月	候	宁化	泰宁	将乐	建宁	明溪	沙县	三明	尤溪	永安	大田	清流	平均值
6	4	25.1	24.8	25.9	24.9	25.1	26.3	26.2	26.0	26.3	25.4	25.2	25.6
6	5	25.6	25.3	26.4	25.4	25.6	26.9	26.7	26.6	26.8	26.2	25.8	26.1
6	6	26.4	26.2	27.2	26.3	26.2	27.7	27.6	27.3	27.6	26.6	26.5	26.9
7	1	27.0	26.8	27.9	26.9	26.9	28.5	28.3	27.9	28.3	27.2	27.0	27.5
7	2	27.1	27.1	28.1	27.1	27.1	28.6	28.5	28.0	28.5	27.3	27.2	27.7
7	3	27.2	27.2	28.3	27.4	27.2	28.7	28.5	28.1	28.5	27.3	27.4	27.8
7	4	27.2	27.2	28.4	27.4	27.3	28.8	28.5	28.1	28.5	27.2	27.4	27.8
7	5	27.3	27.3	28.4	27.5	27.4	28.9	28.7	28.1	28.6	27.1	27.5	27.9
7	6	26.7	26.8	28.0	27.0	27.0	28.4	28.2	27.7	27.9	26.6	27.0	27.4

从表 5.11 中 6—7 月三明地区各县(区、市)烤烟候最高气温分布特征来看,6—7 月各县(区、市)候最高气温的平均值均在 32 ℃以上,最高可达 36.3 ℃,发生在 7 月第 5 候;7 月要高于 6 月,平均高出 2～4 ℃。明溪、清流、宁化、泰宁和建宁在 6 月第 5～6 候平均气温达到 33 ℃,将乐、沙县、尤溪、永安和大田在 6 月第 1～2 候平均气温就达到 33 ℃以上。

表 5.11　6—7 月三明地区各县(区、市)烤烟候最高气温分布　　　　　　单位:℃

月	候	宁化	清流	泰宁	将乐	建宁	明溪	沙县	三明	尤溪	永安	大田	平均值
6	1	31.5	32.0	31.3	33.1	31.8	31.7	33.4	32.0	32.9	33.1	33.3	32.4
6	2	31.8	32.4	32.1	33.3	32.3	31.9	33.7	32.1	33.1	33.1	33.4	32.7
6	3	31.6	32.3	31.9	33.1	31.7	31.9	33.6	32.2	33.2	33.3	33.6	32.6
6	4	32.5	32.9	32.7	33.8	32.7	32.7	34.5	33.1	34.0	34.2	34.5	33.4
6	5	32.9	33.4	33.1	34.4	32.9	33.1	35.0	33.7	34.5	34.5	35.2	33.9
6	6	33.4	34.1	33.7	35.2	33.8	33.8	35.7	34.2	35.2	35.2	35.9	34.6
7	1	34.2	34.9	34.5	36.0	34.6	34.7	36.6	35.0	36.1	36.0	36.7	35.4
7	2	34.4	35.1	34.7	36.1	35.0	34.9	36.9	35.4	36.4	36.4	37.1	35.7
7	3	34.9	35.6	35.4	36.7	35.5	35.4	37.2	35.5	36.8	36.7	37.2	36.1
7	4	35.1	35.8	35.5	36.8	35.6	35.6	37.3	35.6	36.8	36.7	37.3	36.2
7	5	35.1	35.7	35.6	36.9	36.0	35.8	37.5	35.9	36.9	37.1	37.3	36.3
7	6	34.8	35.4	35.2	36.6	35.5	35.2	36.9	35.0	36.3	36.4	36.9	35.8

从表 5.12 中 6—7 月三明地区各县(区、市)烤烟候平均相对湿度分布特征来看,三明烤烟各县(区、市)候平均相对湿度的平均值均在 75%以上,6 月偏高,均在 80%～85%,7 月略低,在 75%～80%。各县(区、市)之间的差异较小。

表 5.12　6—7 月三明地区各县(区、市)烤烟候平均相对湿度分布　　　单位:%

月	候	宁化	清流	泰宁	将乐	建宁	明溪	沙县	三明	尤溪	永安	大田	平均值
6	1	83.9	82.6	85.0	82.8	84.6	83.7	81.4	80.7	79.7	80.0	83.8	82.6
6	2	83.9	83.0	85.0	83.2	83.9	83.7	82.4	81.3	79.9	79.7	83.8	82.7
6	3	85.1	84.2	86.0	84.5	85.3	85.1	83.3	82.6	81.6	81.9	85.6	84.1
6	4	85.5	84.3	87.0	85.2	85.6	85.5	83.9	82.3	81.6	81.9	85.3	84.4
6	5	84.2	83.1	86.2	84.3	84.8	84.6	82.2	80.4	81.1	80.0	83.9	83.2
6	6	81.3	80.7	83.3	82.2	81.6	82.4	79.9	78.7	78.3	76.5	81.8	80.6
7	1	79.0	78.8	81.1	79.6	79.7	79.6	76.8	76.3	75.5	74.0	79.5	78.2
7	2	79.1	78.7	80.7	79.1	79.8	79.4	76.6	75.7	74.8	73.6	79.3	77.9
7	3	78.6	77.5	79.9	78.2	78.4	79.1	76.4	76.1	74.7	73.2	78.7	77.3
7	4	78.5	77.4	79.8	77.9	78.5	78.3	76.2	76.7	74.3	73.0	78.8	77.2
7	5	77.4	76.6	79.0	76.6	77.9	77.1	74.7	76.4	73.0	72.3	78.1	76.3
7	6	79.1	77.2	79.7	77.3	77.2	77.9	75.6	77.9	74.5	74.7	78.9	77.3

　　从表 5.13 中 6—7 月龙岩地区各县(区、市)烤烟候平均气温分布特征来看,6—7月各县(区、市)候最高气温的平均值均在 26.0 ℃以上,最高可达 27.8 ℃,发生在 7月第 6 候;7 月要高于 6 月,平均高出 1~2 ℃。6—7 月龙岩地区各县(区、市)之间的候平均气温差异较小。

表 5.13　6—7 月龙岩地区各县(区、市)烤烟候平均气温分布　　　单位:℃

月	候	长汀	连城	上杭	龙岩	武平	龙岩	永定	平均值
6	1	25.6	25.8	26.6	26.0	25.9	26.7	26.3	26.1
6	2	25.9	26.1	26.8	26.2	26.2	27.0	26.5	26.4
6	3	26.0	26.1	26.9	26.3	26.3	27.0	26.6	26.5
6	4	26.5	26.7	27.4	26.8	26.8	27.4	27.0	26.9
6	5	26.8	27.0	27.7	27.0	27.0	27.7	27.4	27.2
6	6	26.7	26.9	27.5	26.8	26.9	27.6	27.2	27.1
7	1	27.1	27.4	27.9	27.4	27.3	28.2	27.7	27.5
7	2	27.2	27.5	28.1	27.5	27.4	28.2	27.7	27.7
7	3	27.3	27.6	28.2	27.5	27.4	28.2	27.6	27.7
7	4	27.4	27.6	28.2	27.5	27.4	28.2	27.6	27.7
7	5	27.5	27.7	28.2	27.5	27.7	28.3	27.8	27.8
7	6	27.0	27.1	27.7	26.9	27.1	27.7	27.2	27.2

　　从表 5.14 中 6—7 月龙岩地区各县(区、市)烤烟候最高气温分布特征来看,6—7 月各县(区、市)候最高气温的平均值均在 32 ℃以上,最高可达 35.7 ℃,发生在 7 月第 5 候;7 月要高于 6 月,平均高出 2~3 ℃。长汀、连城和武平的候平均气温在 6 月的第 6 候达到33 ℃,上杭和永定在第 4 候达到 33 ℃,漳平在第 1 候达到 33 ℃。

表 5.14　6—7 月龙岩地区各县(区、市)烤烟候最高气温分布　　　　　　单位:℃

月	候	长汀	连城	武平	上杭	漳平	龙岩	永定	平均值
6	1	31.5	31.5	31.7	32.3	33.4	31.8	32.3	32.1
6	2	31.7	31.5	31.6	32.3	33.5	31.9	32.5	32.1
6	3	31.6	31.6	32.0	32.7	33.9	32.2	32.6	32.4
6	4	32.4	32.3	32.5	33.5	34.6	32.7	33.4	33.1
6	5	32.7	32.8	32.8	33.8	35.0	33.3	33.8	33.5
6	6	33.3	33.5	33.4	34.2	35.5	33.9	34.2	34.0
7	1	34.0	34.1	34.0	35.0	36.5	34.5	34.7	34.7
7	2	34.3	34.4	34.3	35.1	36.6	34.7	34.8	34.9
7	3	34.9	34.8	34.7	35.5	36.9	35.0	35.1	35.3
7	4	35.0	35.0	34.9	35.8	37.1	35.2	35.3	35.5
7	5	35.3	35.3	35.2	36.0	37.3	35.4	35.5	35.7
7	6	34.8	34.8	34.8	35.6	36.7	35.0	35.1	35.3

　　从表 5.15 中 6—7 月龙岩地区各县(区、市)烤烟候平均相对湿度分布特征来看,龙岩烤烟各县(区、市)候平均相对湿度的平均值均在 75%以上,6 月偏高,均在 80%~85%,7 月略低,在 75%~80%。

表 5.15　6—7 月龙岩地区各县(区、市)烤烟候平均相对湿度分布　　　　　单位:%

月	候	长汀	连城	武平	上杭	漳平	龙岩	永定	平均值
6	1	82.9	80.2	84.0	81.4	79.9	79.2	81.6	81.3
6	2	82.9	80.3	84.4	82.1	80.5	79.9	82.1	81.7
6	3	84.1	81.9	85.2	83.0	82.1	80.3	82.8	82.8
6	4	84.7	81.9	85.6	83.1	82.6	80.9	83.3	83.1
6	5	83.5	80.2	84.6	81.4	80.8	79.1	81.5	81.6
6	6	81.6	77.8	83.6	80.5	79.3	78.2	80.6	80.2
7	1	79.4	75.1	80.9	77.7	76.2	75.0	78.7	77.6
7	2	79.1	74.7	80.5	77.0	75.9	74.5	78.9	77.2
7	3	78.3	74.2	80.1	76.4	75.6	74.7	78.7	76.9
7	4	77.4	74.2	79.8	76.6	75.5	74.7	78.8	76.7
7	5	76.4	73.1	78.3	75.5	74.5	73.7	77.2	75.5
7	6	77.6	75.5	79.8	77.6	76.8	76.4	80.8	77.8

综上所述,从 6—7 月全省烤烟最高气温的分布特征来看,6—7 月各县(区、市)候最高气温的平均值均在 32 ℃以上,7 月要高于 6 月,平均高出 2～4 ℃。

全省烤烟各县(区、市)候平均相对湿度的平均值均在 75%以上,6 月偏高,均在 80%～85%,7 月略低,在 75%～80%。

5.2.2.1.2　30 ℃高温出现日数

从南平地区各县(区、市)30 ℃高温出现日数分布(表 5.16)可以看出,其多年候平均值在 2.5～4.7 d,6 月较少,自 6 月第 6 候后,多年候平均值高于 4 d。随着时间的增加,高温日数呈现增加的趋势。

表 5.16　南平地区各县(区、市)30 ℃高温出现日数分布　　　　　　单位:d

月	候	光泽	邵武	武夷	浦城	建阳	松溪	政和	建瓯	顺昌	南平	平均值
6	1	2.3	2.4	2.3	2.2	2.5	2.5	2.5	2.7	2.6	2.8	2.5
6	2	2.3	2.5	2.3	2.5	2.8	2.8	2.8	3.1	2.7	2.8	2.7
6	3	2.1	2.5	2.3	2.0	2.6	2.5	2.5	2.8	2.7	2.7	2.5
6	4	2.6	2.9	2.6	2.6	3.0	3.0	3.0	3.3	3.1	3.3	2.9
6	5	2.8	3.2	2.8	2.7	3.3	3.2	3.3	3.6	3.6	3.8	3.2
6	6	3.8	4.1	3.6	3.7	4.2	4.1	4.2	4.4	4.3	4.4	4.1
7	1	4.0	4.2	4.1	4.1	4.5	4.4	4.4	4.5	4.5	4.5	4.3
7	2	4.2	4.4	4.2	4.3	4.3	4.5	4.5	4.5	4.5	4.6	4.4
7	3	4.4	4.5	4.5	4.4	4.6	4.8	4.8	4.8	4.7	4.6	4.6
7	4	4.5	4.6	4.6	4.6	4.7	4.7	4.7	4.7	4.7	4.8	4.7
7	5	4.7	4.7	4.7	4.7	4.7	4.7	4.7	4.8	4.8	4.8	4.7
7	6	4.6	4.7	4.6	4.6	4.6	4.7	4.6	4.7	4.6	4.7	4.6

从三明地区各县(区、市)30 ℃高温出现日数分布(表 5.17)可以看出,其多年候平均值在 2.6～4.8 d,6 月较少,自 6 月第 6 候后,多年候平均值高于 4 d。随着时间的增加,高温日数呈现增加的趋势。

表 5.17　三明地区各县(区、市)30 ℃高温出现日数分布　　　　　　单位:d

月	候	宁化	清流	泰宁	将乐	建宁	明溪	沙县	三明	尤溪	永安	大田	平均值
6	1	2.1	2.5	2.4	2.8	2.2	2.2	2.9	2.6	2.8	2.9	3.0	2.6
6	2	2.2	2.6	2.4	3.0	2.2	2.4	3.1	2.6	2.9	3.1	3.1	2.7
6	3	2.3	2.6	2.4	3.0	2.4	2.4	2.7	3.0	3.1	3.0	3.0	2.7
6	4	2.8	2.9	2.9	3.4	2.9	2.8	3.6	3.1	3.3	3.5	3.5	3.1
6	5	3.4	3.5	3.3	3.7	3.1	3.5	3.9	3.8	3.8	3.9	3.9	3.6
6	6	4.1	4.2	4.1	4.3	4.1	4.2	4.5	4.2	4.5	4.5	4.5	4.3

续表

月	候	宁化	清流	泰宁	将乐	建宁	明溪	沙县	三明	尤溪	永安	大田	平均值
7	1	4.3	4.4	4.2	4.6	4.2	4.4	4.6	4.5	4.6	4.6	4.6	4.4
7	2	4.3	4.5	4.3	4.5	4.3	4.3	4.7	4.5	4.6	4.8	4.7	4.5
7	3	4.6	4.5	4.6	4.7	4.6	4.4	4.7	4.6	4.8	4.7	4.8	4.6
7	4	4.5	4.5	4.6	4.7	4.6	4.5	4.8	4.5	4.7	4.7	4.8	4.6
7	5	4.8	4.8	4.7	4.8	4.8	4.8	4.8	4.8	4.8	4.9	4.9	4.8
7	6	4.4	4.4	4.6	4.7	4.5	4.5	4.7	4.3	4.6	4.6	4.7	4.5

从龙岩地区各县(区、市)30 ℃高温出现日数分布(表 5.18)可以看出,其多年候平均值在 2.4~4.8 d,6 月较少,自 6 月第 6 候后,多年候平均值高于 4 d。随着时间的增加,高温日数呈现增加的趋势。

表 5.18　龙岩地区各县(区、市)30 ℃高温出现日数分布　　　　　　单位:d

月	候	长汀	连城	武平	上杭	漳平	龙岩	永定	平均值
6	1	2.0	2.1	2.2	2.6	3.0	2.3	2.9	2.4
6	2	2.5	2.4	2.5	2.8	3.2	2.5	3.0	2.7
6	3	2.3	2.3	2.7	3.0	3.2	2.7	3.1	2.8
6	4	2.7	2.6	3.1	3.4	3.6	3.0	3.7	3.2
6	5	3.4	3.4	3.6	4.0	4.1	3.6	4.0	3.7
6	6	4.1	4.2	4.0	4.4	4.4	4.1	4.4	4.2
7	1	4.3	4.3	4.5	4.5	4.7	4.4	4.5	4.5
7	2	4.4	4.3	4.5	4.5	4.7	4.4	4.7	4.5
7	3	4.5	4.5	4.5	4.7	4.5	4.5	4.6	4.6
7	4	4.5	4.5	4.3	4.5	4.6	4.4	4.6	4.5
7	5	4.9	4.8	4.8	4.9	4.9	4.7	4.8	4.8
7	6	4.3	4.3	4.3	4.4	4.6	4.1	4.2	4.3

从全省烤烟区 30 ℃高温出现日数分布可以看出,其多年候平均值在 2.4~4.8 d,6 月较少,自 6 月第 6 候后,多年候平均值高于 4 d。随着时间的增加,高温日数呈现增加的趋势。

5.2.2.1.3　33 ℃高温出现日数

从南平地区各县(区、市)33 ℃高温出现日数分布(表 5.19)可以看出,其多年候平均值在 0.9~4.1 d,6 月较少,多年候平均值均小于 3 d。自 7 月第 1 候后,多年候平均值高于 3 d,最高为 7 月第 5 候,为 4.1 d。随着时间的增加,高温日数呈现增加的趋势。

表 5.19　南平地区各县(区、市)33 ℃高温出现日数分布　　　　　　单位:d

月	候	光泽	邵武	武夷	浦城	建阳	松溪	政和	建瓯	顺昌	南平	平均值
6	1	0.7	0.8	0.6	0.5	0.8	0.9	0.9	1.2	1.0	1.1	0.9
6	2	0.8	0.9	0.7	0.8	1.0	1.1	1.1	1.4	1.2	1.4	1.1
6	3	0.8	0.9	0.7	0.6	0.8	1.0	1.0	1.4	1.1	1.3	1.0
6	4	1.0	1.2	0.9	0.9	1.3	1.5	1.5	2.0	1.7	1.8	1.4
6	5	1.3	1.6	1.3	1.3	1.8	1.9	1.9	2.3	2.2	2.4	1.8
6	6	1.9	2.3	1.8	1.8	2.5	2.6	2.7	3.1	3.0	3.2	2.5
7	1	2.8	3.1	2.9	2.8	3.4	3.4	3.4	3.7	3.7	3.8	3.3
7	2	3.3	3.5	3.1	3.1	3.6	3.6	3.6	3.9	3.8	4.0	3.6
7	3	3.2	3.5	3.3	3.3	3.8	3.9	3.8	4.2	4.0	4.1	3.7
7	4	3.5	3.8	3.6	4.1	4.1	4.1	4.0	4.2	4.1	4.1	4.0
7	5	3.9	4.1	3.9	3.9	4.1	4.2	4.1	4.4	4.3	4.3	4.1
7	6	3.4	3.6	3.6	3.5	3.8	3.8	3.7	4.0	3.8	3.8	3.7

从三明地区各县(区、市)33 ℃高温出现日数分布(表 5.20)可以看出,其多年候平均值在 0.9~4.0 d,6 月较少,多年候平均值均小于 3 d。自 7 月第 1 候后,多年候平均值高于 3 d,最高为 7 月第 5 候,为 4.0 d。随着时间的增加,高温日数呈现增加的趋势。

表 5.20　三明地区各县(区、市)33 ℃高温出现日数分布　　　　　　单位:d

月	候	宁化	清流	泰宁	将乐	建宁	明溪	沙县	三明	尤溪	永安	大田	平均值
6	1	0.6	0.8	0.7	1.3	0.5	0.6	1.4	0.8	1.1	1.3	1.3	0.9
6	2	0.7	0.9	0.7	1.4	0.6	0.7	1.7	1.0	1.5	1.4	1.6	1.1
6	3	0.5	0.9	0.8	1.4	0.6	0.7	1.6	1.0	1.4	1.4	1.6	1.1
6	4	0.7	1.2	1.0	1.9	0.9	1.0	2.2	1.2	1.9	2.0	2.1	1.5
6	5	1.2	1.7	1.4	2.3	1.3	1.5	2.8	1.8	2.4	2.4	2.9	2.0
6	6	1.8	2.4	2.0	3.2	1.7	2.1	3.5	2.5	3.4	3.4	3.6	2.7
7	1	2.6	3.1	2.8	3.6	2.8	3.1	3.9	3.2	3.9	3.8	4.1	3.4
7	2	3.0	3.4	3.2	3.9	3.2	3.4	3.4	3.4	3.9	4.0	4.2	3.6
7	3	3.1	3.6	3.4	4.1	3.3	3.5	4.3	3.6	4.1	4.1	4.2	3.8
7	4	3.1	3.8	3.7	4.2	3.6	3.6	4.2	3.4	4.2	4.0	4.2	3.8
7	5	3.5	4.0	3.8	4.4	3.8	3.7	4.4	3.6	4.1	4.3	4.3	4.0
7	6	2.9	3.4	3.2	3.9	3.3	3.2	4.0	2.9	3.7	3.6	4.0	3.5

从龙岩地区各县(区、市)33 ℃高温出现日数分布(表 5.21)可以看出,其多年候平均值在 0.8~3.6 d,6 月较少,多年候平均值均小于 2 d。自 7 月第 2 候后,多年候

平均值高于 3 d,最高为 7 月第 5 候,为 3.6 d。随着时间的增加,高温日数呈现增加的趋势。

表 5.21　龙岩地区各县(区、市)33 ℃高温出现日数分布　　　　　单位:d

月	候	长汀	连城	武平	上杭	漳平	龙岩	永定	平均值
6	1	0.5	0.5	0.6	0.9	1.5	0.7	0.9	0.8
6	2	0.5	0.6	0.4	0.9	1.6	0.9	1.1	0.9
6	3	0.5	0.5	0.6	1.1	1.8	1.0	1.2	0.9
6	4	0.8	0.7	0.8	1.6	2.1	1.0	1.6	1.2
6	5	1.1	1.1	1.1	2.0	2.6	1.4	2.2	1.6
6	6	1.5	1.3	1.3	2.2	3.0	1.9	2.3	1.9
7	1	2.4	2.3	2.3	3.2	3.7	2.7	3.2	2.8
7	2	2.9	2.8	2.6	3.3	3.9	3.0	3.3	3.1
7	3	3.1	3.0	2.9	3.7	3.9	3.2	3.6	3.3
7	4	3.1	3.0	3.1	3.7	3.8	3.2	3.4	3.3
7	5	3.6	3.4	3.2	4.0	4.1	3.3	3.6	3.6
7	6	2.8	2.8	2.7	3.1	3.6	2.8	3.1	3.0

从全省 33 ℃高温出现日数分布可以看出,其多年候平均值在 0.8～4.1 d,6 月较少,多年候平均值均小于 3 d。南平和三明自 7 月第 1 候后,龙岩为第 2 候后,多年候平均值高于 3 d,最高为 7 月第 5 候。随着时间的增加,高温日数呈现增加的趋势。

5.2.2.1.4　35 ℃高温出现日数

从南平地区各县(区、市)35 ℃高温出现日数分布(表 5.22)可以看出,其多年候平均值在 0.2～2.8 d,6 月较少,多年候平均值均小于 1 d。自 7 月第 2 候后,多年候平均值高于 2 d,最高为 7 月第 5 候,为 2.8 d。随着时间的增加,高温日数呈现增加的趋势。

表 5.22　南平地区各县(区、市)35 ℃高温出现日数分布　　　　　单位:d

月	候	光泽	邵武	武夷	浦城	建阳	松溪	政和	建瓯	顺昌	南平	平均值
6	1	0.0	0.1	0.1	0.0	0.2	0.2	0.2	0.3	0.2	0.4	0.2
6	2	0.1	0.2	0.1	0.1	0.2	0.3	0.2	0.4	0.3	0.4	0.2
6	3	0.1	0.1	0.1	0.1	0.1	0.2	0.2	0.4	0.4	0.4	0.2
6	4	0.2	0.4	0.3	0.2	0.4	0.4	0.4	0.6	0.5	0.6	0.4
6	5	0.4	0.7	0.4	0.4	0.6	0.7	0.7	1.1	1.0	1.2	0.7
6	6	0.4	0.7	0.5	0.4	0.9	1.0	1.1	1.4	1.2	1.5	0.9
7	1	1.2	1.7	1.5	1.2	1.7	1.9	1.9	2.5	2.3	2.6	1.9
7	2	1.5	2.0	1.7	1.3	2.0	2.3	2.2	2.9	2.6	2.7	2.1
7	3	1.7	2.2	1.9	1.7	2.3	2.6	2.6	3.0	2.8	2.9	2.4

续表

月	候	光泽	邵武	武夷	浦城	建阳	松溪	政和	建瓯	顺昌	南平	平均值
7	4	1.7	2.2	2.0	1.9	2.6	2.8	2.8	3.3	2.8	3.4	2.6
7	5	2.2	2.5	2.4	2.6	2.8	3.1	3.0	3.4	3.2	3.2	2.8
7	6	1.5	1.9	1.8	2.1	2.3	2.6	2.4	2.9	2.4	2.6	2.3

从三明地区各县(区、市)35 ℃高温出现日数分布(表 5.23)可以看出,其多年候平均值在 0.3~2.5 d,6月较少,多年候平均值均小于 1 d。自 7 月第 2 候后,多年候平均值高于 2 d,最高为 7 月第 5 候,为 2.5 d。随着时间的增加,高温日数呈现增加的趋势。

表 5.23　三明地区各县(区、市)35 ℃高温出现日数分布　　　单位:d

月	候	宁化	清流	泰宁	将乐	建宁	明溪	沙县	三明	尤溪	永安	大田	平均值
6	1	0.0	0.2	0.0	0.4	0.1	0.1	0.5	0.2	0.4	0.4	0.5	0.3
6	2	0.1	0.2	0.1	0.4	0.2	0.1	0.6	0.2	0.4	0.5	0.6	0.3
6	3	0.0	0.1	0.1	0.4	0.0	0.1	0.7	0.2	0.5	0.6	0.6	0.3
6	4	0.1	0.1	0.2	0.7	0.3	0.3	0.9	0.3	0.6	0.7	1.0	0.5
6	5	0.2	0.4	0.3	1.2	0.4	0.4	1.5	0.7	1.1	1.1	1.6	0.8
6	6	0.3	0.6	0.3	1.4	0.4	0.3	1.9	0.5	1.7	1.4	2.2	1.0
7	1	0.6	1.5	0.9	2.4	1.0	1.2	3.0	1.2	2.5	2.4	3.0	1.8
7	2	0.9	1.8	1.3	2.8	1.5	1.5	3.2	1.6	2.8	2.9	3.2	2.1
7	3	1.0	2.1	1.6	3.0	1.8	1.6	3.3	1.8	3.0	3.0	3.4	2.3
7	4	1.2	2.1	1.6	3.1	2.0	1.8	3.6	1.6	3.1	3.0	3.5	2.4
7	5	1.4	2.2	1.9	3.1	2.1	1.9	3.6	1.9	3.2	3.1	3.4	2.5
7	6	1.2	1.9	1.6	2.5	1.7	1.7	2.9	1.6	2.4	2.5	2.8	2.1

从龙岩地区各县(区、市)35 ℃高温出现日数分布(表 5.24)可以看出,其多年候平均值在 0.2~1.8 d,6月较少,多年候平均值均小于 1 d。自 7 月第 2 候后,多年候平均值高于 1 d,最高为 7 月第 5 候,为 1.8 d。随着时间的增加,高温日数呈现增加的趋势。

表 5.24　龙岩地区各县(区、市)35 ℃高温出现日数分布　　　单位:d

月	候	长汀	连城	武平	上杭	漳平	龙岩	永定	平均值
6	1	0.0	0.1	0.1	0.3	0.6	0.1	0.2	0.2
6	2	0.1	0.1	0.0	0.2	0.7	0.1	0.2	0.2
6	3	0.0	0.1	0.0	0.2	0.9	0.1	0.1	0.2
6	4	0.1	0.2	0.1	0.4	0.9	0.2	0.4	0.3

续表

月	候	长汀	连城	武平	上杭	漳平	龙岩	永定	平均值
6	5	0.2	0.1	0.2	0.5	1.3	0.4	0.5	0.4
6	6	0.2	0.3	0.2	0.5	1.6	0.4	0.4	0.5
7	1	0.4	0.6	0.4	1.0	2.5	0.7	0.9	0.9
7	2	0.7	0.9	0.8	1.5	2.6	1.1	1.2	1.3
7	3	0.8	0.9	0.7	1.6	2.9	1.1	1.2	1.3
7	4	1.1	1.0	1.1	1.9	3.0	1.4	1.4	1.6
7	5	1.4	1.3	1.3	2.1	3.1	1.5	1.7	1.8
7	6	1.2	1.2	1.0	1.7	2.6	1.4	1.4	1.5

5.2.2.2　高温时空变化特征

5.2.2.2.1　高温变化特征

图 5.6 是 6—7 月福建烤烟成熟期高温每候变化趋势。可以看出,在烤烟成熟期高温随着时间而逐步升高。高温值到了 7 月第 5 候达到最高值,为 36.2 ℃;其中最小值出现在 6 月第 1 候,为 32.3 ℃;平均值为 34.4 ℃。在福建烤烟成熟期,高温变化趋势是很显著的,通过了 0.01 的显著性检验。高温变化趋势的气候倾向率为 0.402 ℃/候,说明高温变化是以每候 0.402 ℃ 的趋势在增加。

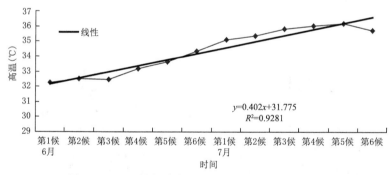

$$y=0.402x+31.775$$
$$R^2=0.9281$$

图 5.6　6—7 月福建烤烟成熟期高温每候变化趋势

5.2.2.2.2　高温日数变化特征

图 5.7 是 6—7 月福建烤烟成熟期高温日数每候变化趋势。可以看出,烤烟成熟期高温日数是随着时间而逐步升高的,这和高温的变化规律一样。高温日数值到了 7 月第 3—5 候达到最高值,为 4.7 d,其中最小值出现在 6 月第 1 候,为 2.5 d;平均值为 3.8 d。在福建烤烟成熟期,高温日数变化趋势是很显著的,通过了 0.01 的显著性检验。高温日数变化趋势的气候倾向率为 0.241 d/候,说明高温日数变化是以每候 0.241 d 的趋势在增加。

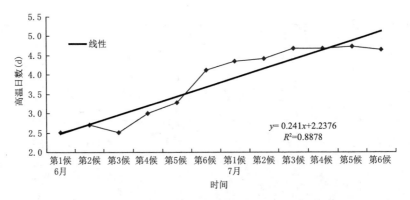

图 5.7　6—7 月福建烤烟成熟期高温日数每候变化趋势

5.2.2.2.3　高温和高温日数空间变化特征

图 5.8 是福建烤烟成熟期高温和高温日数空间分布。可以看出,高温和高温日数的分布具有一定的关系。福建烤烟成熟期高温空间分布具有明显的地域差异性,高温值都在 33 ℃以上,而超过 35 ℃高温的县(区、市)主要分布在南平、三明等东部地区,包括建瓯、南平等 8 个县(区、市),其他县(区、市)在 33～35 ℃。福建烤烟成熟期的高温日数都在 3.5～4.1 d,4 d 以上的区域也主要分布在东南地区,包括建瓯、南平等 10 个县(区、市)。

南平、三明等东部地区的县(区、市),35 ℃以上高温和高温日数的叠加效应,更加不利于烤烟成熟和采收,应该加强灾害防御,减少高温热害的威胁。

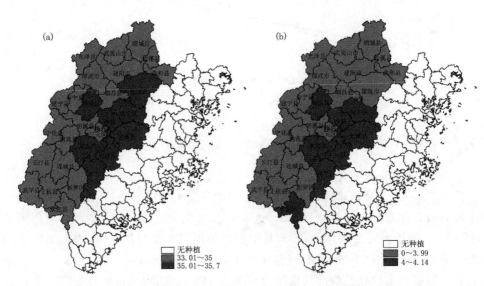

图 5.8　福建烤烟成熟期高温(a,单位:℃)和高温日数(b,单位:d)空间分布

5.2.3　结论和讨论

从全省烤烟区 35 ℃高温出现日数分布可以看出,其多年候平均值在 0.2～2.5 d,6 月较少,多年候平均值均小于 1 d。南平和三明自 7 月第 2 候后,多年候平均值高于 2 d,龙岩自 7 月第 2 候后,多年候平均值高于 1 d,全省均最高为 7 月第 5 候。随着时间的增加,高温日数呈现增加的趋势。

从时间分布来看,福建烤烟成熟期内,高温值和高温日数两者都随着时间的推移而增加,更不利于烤烟的成熟采收。对后期的烤烟生长会不利,更要加强防御高温热害对烤烟的逼熟。或者是提早移栽,让烤烟早点成熟,避开高温日灼的危害。

从空间分布来看,福建烤烟成熟期内,高温值和高温日数两者主要集中在烟区的南平、三明等东部地区的县(区、市),两者具有很大的重合性,这对加重高温热害有利。因此,应做好重点防御工作。

5.3　烤烟生育期暴雨渍涝特征研究

我国南方是暴雨多发地区,很多学者对暴雨气候特征和成因进行了相关研究,取得了许多成果。如彭丽英等(2006)分析了华南前汛期暴雨降水的气候特征,指出华南前汛期暴雨降水量和频次的变化趋势都呈略减少的特征,华南的暴雨近 50% 集中发生在前汛期,其中又以福建与广东的西北部为甚,华南的西南部较小。鲍名等(2006)分析我国近 40 年暴雨发生频率的年代际时空变化特征,夏季暴雨发生频率具有明显的年代际变化,且各地区暴雨的年代际变化有一定差异。林建等(2014)得出 21 世纪以来南方地区暴雨过程明显增多,但以短持续性强降水过程为主。伍红雨等(2011)得出华南平均年和前、后汛期暴雨日数呈微弱上升趋势,但不明显。年和前、后汛期暴雨日数具有明显的年际、年代际变化特征。华南平均年和前汛期的暴雨强度有微弱增加趋势。IPCC 第五次评估报告指出,大多数陆地上的强降水事件发生频率有所上升(IPCC,2013)。我国极端降水的变化与 IPCC 评估报告的结论相同,在气候变暖的背景下,极端降水发生频率和强度具有增加的趋势。

暴雨是主要的气象灾害之一,它引发的洪涝灾害对福建烟草生产影响很大,常导致烟田长时间积水,烟株根系活力下降,根系变黑,下部叶片变黄,整株萎蔫甚至死亡。通过对福建省烟草种植区历史气象资料的分析,研究暴雨的分布变化特征,为烟草安全生长和气象减灾提供依据(马治国,2016a;2016b;2017)。

5.3.1　数据和方法

5.3.1.1　资料和方法

本文所需要的气象数据主要是南平、三明和龙岩 3 个地区的日降水量,时间为1971—2011 年,统计出烤烟主要生育期内的降水量,分析变化规律,评估对烤烟产量和品质的影响。暴雨日数定义为日降水量≥50 mm 的日数,平均暴雨强度定义为暴雨以上的降水量之和与暴雨日数之比。

分析方法:线性趋势分析、计算趋势系数,多项式拟合法等;采用距平分析降水量的气候突变的临界点、线性趋势法分析降水量的变化趋势。

5.3.1.2　生育期

烤烟叶片大,需要水多。水分条件与烤烟的生长发育和产量及品质关系密切。只有水分适当才能使烤烟正常生长,并获得优良的品质和较高的产量。烤烟大田生产期间要求月平均降雨量在 100～130 mm 比较合适,而且分布要合理。移栽时雨水来临,土壤湿润,有利于还苗。伸根期要适度干旱,以利生根。到旺生长期需水较多,雨量充沛可促进烟株旺盛生长,成熟期雨量应减少,以利于烤烟适时成熟采收。

烤烟不同生育期需水量情况见表 5.25。从表 5.25 可以看出,烤烟在伸根期、旺长期和成熟采收期所需要的适宜降水量是不同的。伸根期需要 80～100 mm,旺长期需要 100～200 mm,成熟采收期需要 150～200 mm。

表 5.25　烤烟不同生育期需水量情况

伸根期	旺长期	成熟采收期
1月下旬至3月中旬	3月下旬至5月上旬	5月中旬至7月上旬
适度干旱,80～100 mm	需水较多,100～200 mm	需水较少,150～200 mm

5.3.1.3　旱涝标准

根据烤烟不同生育期适宜需水量要求,可以初步按照其适宜需水量的上限或者下限来确定旱涝标准。根据偏离标准量的多少,分成 25%、50% 和 80% 来定义为旱涝程度的一般、明显和异常,也可以称作轻度、中度和重度旱涝害(表 5.26 和表 5.27)。

烤烟不同生育期的旱涝灾害降水量分布情况见表 5.26 和表 5.27。根据旱涝数量化的标准,可初步对 40 年来福建省烤烟生长的旱涝进行评估。

伸根期旱涝评估等级降水量(k):正常 $60 \leqslant k < 125$ mm,轻度干旱 $48 \leqslant k < 60$ mm,中度干旱 $9.6 \leqslant k < 48$ mm,重度干旱 $k < 9.6$ mm;轻度渍涝 $125 \leqslant k < 187.5$ mm,中度渍涝 $187.5 \leqslant k < 337.5$ mm,重度渍涝 $k \geqslant 337.5$ mm。

旺长期旱涝评估等级降水量(k):正常 $75 \leqslant k < 250$ mm,轻度干旱 $60 \leqslant k < 75$ mm,中度干旱 $12 \leqslant k < 60$ mm,重度干旱 $k < 12$ mm;轻度渍涝 $250 \leqslant k < 375$ mm,中度渍涝 $375 \leqslant k < 675$ mm,重度渍涝 $k \geqslant 675$ mm。

成熟采收期旱涝评估等级降水量(k):正常 $112.5 \leqslant k < 250$ mm,轻度干旱 $90 \leqslant k < 112.5$ mm,中度干旱 $18 \leqslant k < 90$ mm,重度干旱 $k < 18$ mm;轻度渍涝 $250 \leqslant k < 375$ mm,中度渍涝 $375 \leqslant k < 675$ mm,重度渍涝 $k \geqslant 675$ mm。

表 5.26　烤烟不同生育期干旱灾害的降水量临界值　　　　　单位:mm

干旱	伸根期	旺长期	成熟采收期
轻度	60	75	112.5
中度	48	60	90
重度	9.6	12	18

表 5.27　烤烟不同生育期渍涝灾害的降水量临界值　　　　　单位:mm

渍涝	伸根期	旺长期	成熟采收期
轻度	125	250	250
中度	187.5	375	375
重度	337.5	675	675

5.3.2　结果和分析

5.3.2.1　暴雨日数变化特征

5.3.2.1.1　各月暴雨日数分布特征

图 5.9 是福建省烟区全生育期暴雨日数月变化趋势图。可以看出,暴雨日数的月际变化呈增加变化趋势,其线性系数是 0.0802 d/月,通过了 0.05 的显著性检验,表明烟草随着时间的推移,遭受暴雨洪涝危害的频率增大。福建烟草生育期内暴雨日数出现最多的月是 6 月,平均值为 1.0 d;最小的月是 2 月,为 0.3 d。

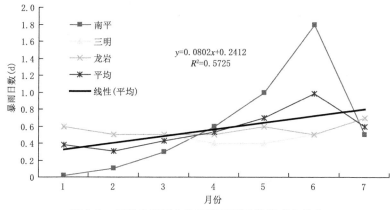

图 5.9　福建省烟区全生育期暴雨日数月变化趋势

从南平、龙岩和三明地区各县(区、市)来看,烟草生育期内暴雨变化特征可分成两类变化,一类是以南平地区为主,另外一类是以龙岩和三明地区为主。南平地区暴雨日数变化特征是前少后多,1—2 月不足 0.1 d,6 月最多,为 1.8 d,说明南平地区烟草洪涝灾害主要集中在成熟期。龙岩和三明地区烤烟全生育期暴雨日数是两头多、中间较少,说明移栽期和成熟期更加容易遭受暴雨洪涝灾害的威胁。1月和7月分别是0.6 d和0.7 d,三明最少只是4—5月,平均值是0.4 d,龙岩最小值是0.5 d,分布在2—4月和6月。南平地区暴雨日数月际变化很大,从0.02 d到1.8 d,变异系数为90;而三明和南平地区暴雨日数分布较为均匀,变化相对较小,变异系数为1.75和1.4。总体来说,1—2月发生的暴雨主要集中在龙岩和三明地区,而5—6月主要发生在南平地区。

5.3.2.1.2　暴雨日数年际分布特征

从南平地区烟草全生育期年暴雨日数时间变化特征(图5.10)可得出,43年来暴雨日数呈增加趋势,线性系数是0.165 d/10a,但是变化趋势不明显,没有通过显著性检验,这与任国玉等(2016)得出的全国年平均降水量变化趋势不明显的结论相一致。43年中,南平地区烟草全生育期年最大暴雨日数出现在1998年,其值是8.3 d;年最小暴雨日数出现在1991年,为2.1 d;多年平均值为4.4 d。

从多项式拟合来看,南平地区烟草全生育期年暴雨日数变化趋势存在明显的年代际波动变化特征,20世纪70年代到80年代前期、90年代后期,2006—2014年是呈现增加趋势,属于多暴雨期;80年代后期到90年代前期、2000—2005年是减少趋势,属于少暴雨期。

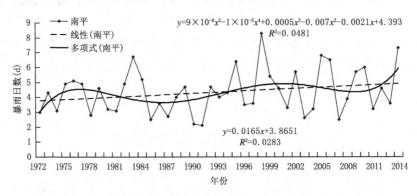

图5.10　南平地区烟草全生育期年暴雨日数时间变化特征

从龙岩和三明地区烟草全生育期年暴雨日数时间变化特征可得出(图5.11),40多年来暴雨日数略呈增加趋势,线性系数是1.0 d/10a,通过信度水平0.01显著性检验。40多年中,龙岩和三明地区烟草全生育期年最大暴雨日数分别出现在1999年和2004年,其值是12.4 d和12.5 d;三明年最小暴雨日数为0.4 d,出现在1972—1973年、1975年,龙岩为0.3 d,出现在1973年;多年平均值为3.6 d和4.8 d。

福建省烟区暴雨日数变化趋势均呈现增长的趋势,表明受气候变化影响,洪涝灾害的发生频次增加,烟草遭受洪涝灾害的危险性增大;南平地区不明显而龙岩和三明地区趋势明显,则表明龙岩和三明更容易引发暴雨洪涝灾害,危险性高于南平地区。

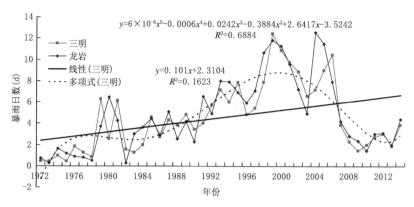

图 5.11　龙岩和三明地区烟草全生育期年暴雨日数时间变化特征

从多项式拟合来看,龙岩和三明地区烟草全生育期年暴雨日数时间变化特征可以进一步分成 1972—2005 年、2004—2014 年两个时间段来分析。龙岩和三明地区烟草全生育期年暴雨日数在 1972—2006 年呈现增加趋势,暴雨日数分别以 2.8 d/10a 和 3.0 d/10a 的趋势增加(趋势系数为 0.86 和 0.84),通过 0.01 的显著性水平检验。2004—2014 年暴雨日数呈现减少趋势,分别以 6.3 d/10a 和 8.8 d/10a 的趋势增加(趋势系数为 0.68 和 0.76),通过 0.01 的显著性水平检验。

1972—1990 年、2007—2014 年是少暴雨期,龙岩和三明地区烟草全生育期年均暴雨日数分别为 2.62 d/10a 和 2.57 d/10a、2.6 d/10a 和 2.9 d/10a。1991—2006 年是多暴雨期,龙岩和三明地区烟草全生育期年平均暴雨日数分别为 7.7 d/10a 和 8.4 d/10a。

在多暴雨期,对烟草的生长发育危害很大,容易造成烟草涝灾,使得绝产或减产,且品质下降。

5.3.2.1.3　空间分布特征

福建省烟区全生育期暴雨日数空间分布特征见图 5.12。可以看出,福建省烟区全生育期暴雨日数空间分布主要有 3 种类型:北多南少、南多北少和东北多西南少。

北多南少型主要发生在 20 世纪 70 年代和 2011—2014 年。20 世纪 70 年代暴雨日数总体较少,南部地区平均仅 1~2 d,北部地区 3~5 d。2011—2014 年南部地区大都在 3d 以下,而北部光泽、武夷山、浦城和邵武等县(区、市)在 6 d 以上。

南多北少型主要发生在 20 世纪 90 年代,全部县(区、市)平均值为 6.6 d,是 40 年来暴雨日数最多的时期。北部县(区、市)暴雨日数在 5 d 及以下,南部地区 6~10 d。像建瓯和南平分别为 2.9 d 和 3.3 d,而清流、建宁和明溪分别为 9.0 d、9.1d 和 10.0 d,地区差异很大。

21 世纪前 10 年属于东北多西南少,全部县(区、市)平均值为 5.7 d,是仅次于 20 世纪 90 年代的多暴雨时期。像西北少暴雨地带的暴雨日数仍在 3 d 以上,龙岩、泰宁、建宁和将乐等县(区、市)年均暴雨日数分别是 7.6 d、7.8 d、8.2 d 和 9.3 d,地区差异较大。

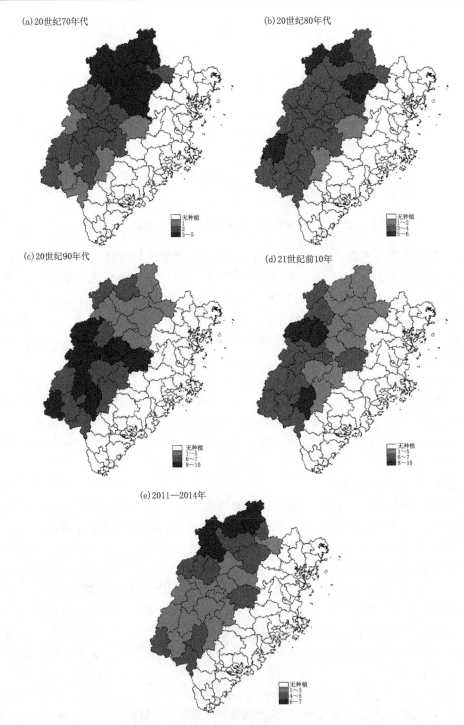

图 5.12　福建省烟区全生育期暴雨日数空间分布特征(单位:d)

5.3.2.2　暴雨强度变化特征

5.3.2.2.1　各月变化特征

1971—2014 年福建省烟区全生育期暴雨强度各月变化特征见图 5.13,从图中可看出,暴雨强度有略微增加的趋势,增加率为 1.051 mm/(d・mon),趋势系数为 0.81,通过 0.05 的显著性检验。总体来说各月暴雨强度的变化差异不大,龙岩出现在各个地区间的差异也不是很大;暴雨强度值分布在 67.5～79.8 mm/d,各地区最大值出现月不同,南平出现在 6 月,龙岩在 7 月,三明在 4 月。

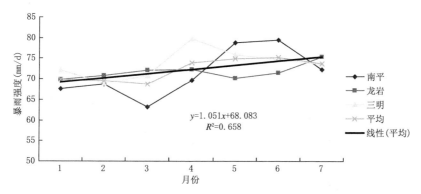

图 5.13　1971—2014 年福建省烟区全生育期暴雨强度各月变化特征

5.3.2.2.2　年代际变化特征

1971—2014 年南平地区烟草全生育期年平均暴雨强度变化特征见图 5.14,可以看出,年平均暴雨强度略有增加趋势,增加率为 0.174 mm/(d・10 a),但是变化趋势不明显。南平地区烟草全生育期年平均暴雨强度最小值为 58.6 mm/d,出现在 1985 年;最大值为 94.1 mm/d,出现在 1982 年;多年平均值为 75.1 mm/d。从多项式模拟来看,20 世纪 70 年代到 80 年代前期是暴雨强度减弱的时期,80 年代后期到 21 世纪初期是逐渐增强的时期,之后再进入减弱期。

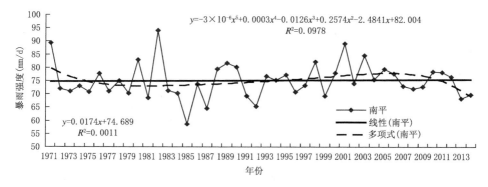

图 5.14　1971—2014 年南平地区烟草全生育期年平均暴雨强度变化特征

从 1971—2014 年龙岩和三明地区烟草全生育期年平均暴雨强度变化特征(图 5.15)中可看出,两地区变化趋势基本一致,暴雨强度都呈现增加趋势,增加率为分别为 3.874 mm/(d·10a)和 4.734 mm/(d·10a),趋势系数分别是 0.63 和 0.52,通过 0.01 的显著性水平检验。1971—2014 年龙岩和三明地区烟草全生育期年平均暴雨强度变化强度最小值分别是 54.5 mm/d 和 51.1 mm/d,出现 1975 年和 1982 年;最大值是 88.5 mm/d 和 117.1 mm/d,分别出现在 2014 年和 1996 年;多年暴雨强度平均值为 69.3 mm/d 和 70.4 mm/d。

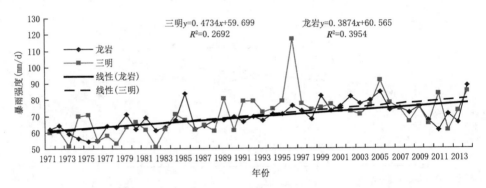

图 5.15　1971—2014 年龙岩和三明地区烟草全生育期年平均暴雨强度变化特征

5.3.2.3　不同生育期降水量的年际变化

5.3.2.3.1　伸根期

1971—2011 年福建省烤烟区伸根期平均降水量和距平变化趋势见图 5.16。可以看出,近 40 年来,烤烟在伸根期的降水量略呈现减少的趋势,每 10 年减少 16.4 mm,但是没有通过显著性检验。伸根期多年降水量的平均值是 288.3 mm,最大值出现在 1983 年,为 602.1 mm,最小值出现在 1971 年,为 49.9 mm。由此可见,伸根期平均降水量最大值是最小值的 12 倍,年际变化幅度具有剧烈变动的性质。这样的变化使得烤烟生长旱涝年份反差巨大,更易造成旱涝的危害。

由福建省烤烟伸根期的降水量距平多年变化趋势来看,气候突变是以 1993 年为界(以此为界,使得正距平累计值最大,负距平累计值最小),1971—1992 年时间段本以正距平为主,累计距平值为 683.4 mm;而 1993—2011 年则以负距平为主,累计距平值为 −683.4 mm。可表明 1993—2011 年,与全球暖干化的趋势基本一致,有利于烤烟在伸根期的蹲苗,有利于烤烟的产量和品质形成。

5.3.2.3.2　旺长期

1971—2011 年福建省烤烟区旺长期平均降水量和距平变化趋势见图 5.17。从图可见,近 40 年来,烤烟的旺长期降水量变化趋势和伸根期基本相同,略呈现减少的趋势,每 10 年减少 13.2 mm,也没有通过显著性检验。旺长期多年降水量的平均值

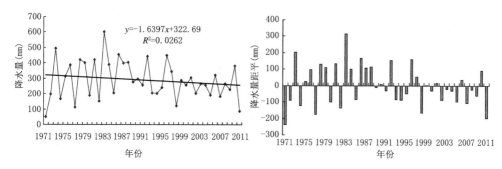

图 5.16　1971—2011 年福建省烤烟区伸根期平均降水量和距平变化趋势

是 242.9 mm,最大值出现在 1975 年,为 444.5 mm,最小值出现在 2009 年,为 81.7 mm;旺长期平均降水量最大值是最小值的 5.4 倍,比伸根期的变化幅度小。

福建省烤烟旺长期降水量距平多年变化趋势为:气候突变的临界点是在 1995 年,1971—1994 年时间段内降水量距平累计值是正距平,为 422.6 mm;1995—2011 年累计距平值为负,为 −422.6 mm。因为烤烟旺长期需要大量的水分,尽管 1995— 2011 年受降水量减少的影响,但是仍能满足对旺长期烤烟生长的需要。

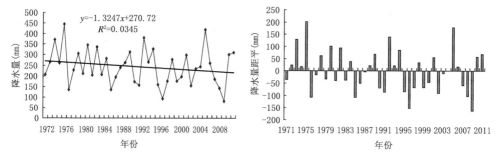

图 5.17　1971—2011 年福建省烤烟区旺长期平均降水量和距平变化趋势

5.3.2.3.3　成熟采收期

图 5.18 为 1971—2011 年福建省烤烟区成熟采收期平均降水量变化趋势。可以看出,近 40 年来,烤烟的成熟期降水量变化趋势与前两个发育期截然相反,略呈现增多的趋势,每 10 年增加 24.0 mm,同样没有通过显著性检验。旺长期多年降水量的平均值是 508.9 mm,最大值出现在 2010 年,为 784.0 mm,最小值出现在 1980 年,为 208.2 mm;旺长期平均降水量最大值是最小值的 3.8 倍,年际变化幅度比前两个时期更为缩小,稳定性增强。

在烤烟成熟采收期近 40 年降水量距平的变化趋势是:气候突变是以 1992 年为界,1971—1991 年时间段内以负距平为主,距平累计值为 −1113.2 mm;1992—2011 年则以正距平为主,距平累计值为 1113.2 mm。表明 1992—2011 年时间段降水量增加,阴雨日数增加,有利于病虫害的发生,不利于烤烟的成熟和采摘,不利于烤烟产量和品质的形成。

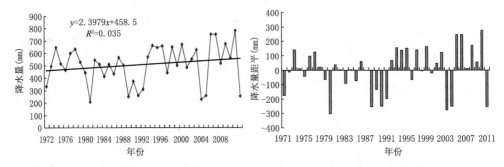

图 5.18　1971—2011 年福建省烤烟区成熟期平均降水量和距平变化趋势

5.3.2.4　降水量对烤烟的影响

1971—2011 年福建省烤烟不同生育期降水量平均分布情况见表 5.28。从表来看,南平、三明和龙岩 3 个气象站在伸根期、旺长期和成熟期的降水量是略有不同的,但是相差并不大;伸根期和旺长期以三明的降水量最大,分别是 292.2 mm 和 251.8 mm,成熟期则是龙岩的降水量最大,为 546.5 mm。

表 5.28　1971—2011 年福建省烤烟不同生育期降水量平均分布　　　　单位:mm

地区	伸根期	旺长期	成熟期
南平	285.7	247.6	508.1
三明	292.2	251.8	472.0
龙岩	286.9	229.2	546.5
平均	288.3	242.9	508.9

1971—2011 年,从 3 站的平均值来看,在烤烟的伸根期降水量平均值为 288.3 mm。而此发育期间要求适度的干旱,有利于蹲苗成长,期间适宜降水量的上限是 100 mm。因此可以得出,烤烟区的多年平均降水量是适宜降水量上限的 2.88 倍,远超出了烤烟生育所需要的正常水分,容易引发洪涝这种农业气象灾害。

在烤烟的旺长期,3 站多年的降水量平均值为 242.9 mm,可以充分满足烤烟在旺长期的水分需要,应该是匹配较好的一个阶段,有利于烤烟产量和品质的形成。

在烤烟的成熟期,3 站多年的降水量平均值为 508.9 mm,而这一阶段,属于烤烟生育期中较少的需水阶段,只要 100~200 mm 即可。所以,这时期的多年平均降水量是其适宜需水量上限的 2.5 倍,易引发烟田受淹,影响烤烟的产量和品质。

5.3.2.5　旱涝评估

近 40 年来福建省烤烟不同生育期旱涝评估结果见表 5.29。根据表 5.29,可以得出,由于福建处于湿润气候区,降水量丰富,评估的结果是烤烟在不同的生育期,更容易发生渍涝灾害。

伸根期由于需水量少,需要适度干旱蹲苗,而这个时期又处于雨季,降水多,故而在这近 40 年中,竟然全部评估为渍涝年,其中 8 年为中度渍涝,33 年为重度渍涝。可见,在烤烟的伸根期,防止渍涝灾害更为重要。

旺长期需水量增加,故而评估结果有 1 年是中度干旱,发生在 1971 年;18 年为正常年份,仍有 50% 多的年份评估为渍涝年。其中 9 年为轻度渍涝,12 年为中度渍涝。

成熟采收期时间较长,需水量也较少。在近 40 年的评估结果中,3 年为中度干旱,15 年为正常,23 年为渍涝。渍涝占了 56%,其中轻度渍涝为 13 年,中度渍涝为 9 年,重度渍涝为 1 年,发生在 1983 年。

表 5.29　1971—2011 年福建省烤烟不同生育期旱涝评估结果　　　　　单位:年

时期	轻度/旱	中度/旱	重度/旱	正常	轻度/涝	中度/涝	重度/涝
伸根期	0	0	0	0	0	8	33
旺长期	0	1	0	18	9	12	1
成熟采收期	0	3	0	15	13	9	1

5.3.3　结论与讨论

根据福建省烟草区暴雨日数和暴雨强度来分析洪涝灾害的发生分布规律,从全生育期来看,以南平为主的地区洪涝主要发生在成熟期,而龙岩和三明地区则是多发生在移栽期和成熟期。由于受影响的天气系统不同,即使是同一省的不同地区最大月平均暴雨日数出现的时间也不尽相同。

南平地区烟草全生育期年暴雨日数变化趋势存在明显的年代际波动变化特征,与许多研究一致,20 世纪 70 年代到 80 年代前期、90 年代后期,2006—2014 年是呈现增加趋势,属于多暴雨期,与全国变化趋势基本一致;80 年代后期到 90 年代前期、2000—2005 年是减少趋势,属于少暴雨期。龙岩和三明地区烟草全生育期年暴雨日数时间变化特征是,40 多年来暴雨日数呈增加趋势,通过信度水平 0.01 的显著性检验。龙岩和三明地区烟草全生育期年暴雨日数时间变化特征可以进一步分成1972—2005 年、2004—2014 年两个时间段来分析。龙岩和三明地区烟草全生育期年暴雨日数在 1972—2006 年是呈现增加趋势,通过 0.01 的显著性水平检验。2004—2014 年暴雨日数呈现减少趋势,通过 0.01 的显著性水平检验。福建省烟区暴雨日数变化趋势均呈现增长趋势,表明受气候变化影响,洪涝灾害的发生频次增加,烟草遭受洪涝灾害的危险性增大;南平地区不明显而龙岩和三明地区趋势明显,则表明龙岩和三明更容易引发暴雨洪涝灾害,危险性高于南平地区。

福建省烟草区各月暴雨强度的变化差异不大,在各个地区间的差异也不是很大;

暴雨强度值分布在 67.5～79.8 mm/d,各地区最大值出现月不同,南平出现在 6 月,龙岩在 7 月,三明在 4 月。南平地区烟草全生育期年均暴雨强度略有增加趋势,变化趋势不明显,这和结论一致(伍红雨 等,2011)。20 世纪 70 年代到 80 年代前期是暴雨强度减弱的时期,20 世纪 80 年代后期到 21 世纪初期是逐渐增强时期,之后再进入减弱期。龙岩和三明地区烟草全生育期年均暴雨强度都呈现增加趋势,通过 0.01 的显著性水平检验。

福建省烟区全生育期暴雨日数空间分布主要有 3 种类型:北多南少、南多北少和东北多西南少。这 3 种类型的分布根据暴雨发生的年代际变化而变化,对烟草的影响也各不相同。

近 40 年来(1971—2011 年),烤烟在伸根期降水量略呈现减少的趋势,伸根期平均降水量最大值是最小值的 12 倍,年际变化幅度具有剧烈变动的性质。气候突变是以 1993 年为界,1971—1992 年时间段基本以正距平为主,而 1993—2011 年内则以负距平为主。

烤烟的旺长期降水量变化趋势和伸根期基本相同,略呈现减少的趋势;旺长期平均降水量最大值是最小值的 5.4 倍,比在伸根期的变化幅度小。气候突变的临界点是在 1995 年,1971—1994 年时间段内降水量基本以正距平为主,1995—2011 年则以负距平为主。

烤烟的成熟期降水量变化趋势与前两个发育期截然相反,略呈现增多的趋势,旺长期平均降水量最大值是最小值的 3.8 倍,年际变化幅度比前两个时期缩小,稳定性增强。气候突变是以 1992 年为界,1971—1991 年时间段内以负距平为主,1992—2011 年则以正距平为主。

烤烟区多年平均降水量的值为适宜度上限的 2.88 倍,远超出了烤烟生育所需要的正常水分,容易引发洪涝这种农业气象灾害。在烤烟的旺长期,可以充分满足烤烟在旺长期的水分需要,应该是匹配较好的一个阶段,有利于烤烟的产量和品质的形成。在烤烟的成熟期,多年平均降水量是其适宜需水量的上限的 2.5 倍,易引发烟田受淹,影响烤烟的产量和品质。

近 40 年中,福建省烤烟的伸根期全部评估为渍涝年,其中 8 年为中度渍涝,33 年为重度渍涝。旺长期需水量增加,有 1 年是中度干旱,19 年为正常年份,9 年为轻度渍涝,12 年为中度渍涝。成熟采收期 3 年为中度干旱,15 年为正常,23 年为渍涝;渍涝年份占了总年份的 56%,其中轻度渍涝为 13 年,中度渍涝为 9 年,重度渍涝为 1 年。可见,烤烟在不同的生育期,相比干旱而言,更容易发生渍涝灾害。

参考文献

鲍名,黄荣辉,2006.近40年我国暴雨的年代际变化特征[J].大气科学,30(6):1057-1067.

陈惠,马治国,2006.福建水稻三寒的时空变化特征及对策[R].中日农业气象交流学术会议.北京:中国农业气象学会.

丁一汇,戴晓苏,1994.中国近百年来的温度变化[J].气象,20(12):19-26.

黄中艳,朱勇,邓云龙,等,2008.云南烤烟大田气候对烟叶品质的影响[J].中国农业气象,29(4):440-445.

金磊,晋艳,周冀衡,等,2007.苗期低温对烤烟花芽分化及发育进程的影响[J].中国烟草科学,28(6):1-5.

林建,杨贵名,2014.近三十年中国暴雨时空特征分析[J].气象,40(7):816-826.

马治国,李文勇,2012.2011年福建省主要农业气象灾害特征[R].第29届中国气象学会年会.沈阳:中国气象学会.

马治国,张春桂,李文勇,等,2014.1971—2011年福建省烤烟移栽期低温气候变化特征[J].亚热带农业研究,10(3):105-108.

马治国,李文卿,2016a.福建暴雨分布特征及对烟草影响分析[R].中国农学会农业气象分会年会.厦门:中国农学会农业气象分会.

马治国,彭继达,李丽纯,2016b.2015—2016年福建省冬季气候特征与主要农业气象灾害分析[J].亚热带农业研究,12(2):108-112.

马治国,李文卿,王芳,等,2017.福建烤烟种植区暴雨变化特征分析[J].海峡科学(6):68-72.

彭丽英,王谦谦,马慧,2006.华南前汛期暴雨气候特征的研究[J].南京气象学院学报,29(2):249-253.

任国玉,柳艳菊,孙秀宝,等,2016.中国大陆降水时空变异规律——Ⅲ.趋势变化原因[J].水科学进展(3):327-348.

沈少君,郭学清,郑玉木,等,2010.低温胁迫对烤烟生长和产质量的影响[J].中国烟草科学,31(6):35-37.

魏凤英,2007.现代气候统计诊断预测技术[M].北京:气象出版社.

伍红雨,杜尧东,秦鹏,2011.华南暴雨的气候特征及变化[J].气象,37(10):1262-1269.

肖金香,刘正和,王燕,等,2003.气候生态因素对烤烟产量与品质的影响及植烟措施研究[J].中国生态农业学报,11(4):158-160.

谢远玉,郭萌生,肖林长,等,2005.气候生态环境对赣南烤烟产量和品质的影响[J].中国农业气象,26(4):34-36.

熊贤旺,1983.烤烟早花原因及其补救措施[J].烟草科技,26(2):63-64.

招启柏,吕冰,王广志,等,2008.苗期低温对烤烟叶数及现蕾时间的影响[J].中国烟草学报,29(3):27-31.

IPCC,2013. The physical science basis. Working group contribution to the IPCC at fifth assessment report of the intergovermental panel on climate change[M]. Cambridge:Cambridge University Press.

MA Z G,LI W Q,CHEN H,et al,2013. Comprehensive evaluation method on chilling damage of tobacco based on GIS and Entropy Weight Theory [R]. The 2013 International Conference on Information System and Engineering Management. Wuhan:IEEE computer society.

MA Z G,LI W Q,2018a. Analysis of characteristics of high-temperature disasters in flue-cured tobacco based on GIS[J]. Lecture notes in Electrical Engineering,56(8):123-130.

MA Z G,LI W Q,PENG J D,2018b. Appication of Entropy Weight Theory in evaluation of rainstorm risk[J]. Advances in Intelligent Systems Reseach,141:286-289.

福建烟草气象

气象出版社

关注官方微信

ISBN 978-7-5029-7569-2

9 787502 975692 >

定价：60.00元